Elasticsearch 数据建模和模式设计

[美]史蒂夫·霍伯曼(Steve Hoberman)
[美]拉菲德·雷兹(Rafid Reaz) 著
马欢 李猛 铭毅 译

机械工业出版社

Elasticsearch 是一款高性能的文档数据库，广泛应用于分布式搜索和分析引擎等相关领域，本书首先介绍了数据建模的通用设计原理，然后针对 Elasticsearch 介绍了文档数据库建模的特点和要求，例如和设计模式有关的实现、注意事项，以及实践过程中的注意点等。

本书的两位作者，一位是资深的 Elasticsearch 专家，一位是建模领域的大师，联合为读者呈现了这本著作。如果你是一名希望扩展 Elasticsearch 建模技能的读者，或者是一名了解 Elasticsearch 但需要提高模式设计技能的从业人员，推荐阅读本书。

Steve Hoberman，Rafid Reaz
Elasticsearch Data Modeling and Schema Design
978-1-634-62295-0

北京市版权局著作权合同登记　图字：01-2023-3861 号。

图书在版编目（CIP）数据

Elasticsearch 数据建模和模式设计 /（美）史蒂夫·霍伯曼（Steve Hoberman），（美）拉菲德·雷兹（Rafid Reaz）著；马欢，李猛，铭毅译. -- 北京：机械工业出版社，2024. 8. -- ISBN 978-7-111-76076-4

Ⅰ. TP391. 3

中国国家版本馆 CIP 数据核字第 2024HA7602 号

机械工业出版社（北京市百万庄大街 22 号　邮政编码 100037）
策划编辑：张淑谦　　　责任编辑：张淑谦　丁　伦
责任校对：肖　琳　李　婷　　　封面设计：王　旭
责任印制：任维东
北京瑞禾彩色印刷有限公司印刷
2024 年 8 月第 1 版第 1 次印刷
145mm×210mm · 5 印张 · 100 千字
标准书号：ISBN 978-7-111-76076-4
定价：59. 00 元

电话服务　　　网络服务
客服电话：010-88361066　机　工　官　网：www. cmpbook. com
　　　　　010-88379833　机　工　官　博：weibo. com/cmp1952
　　　　　010-68326294　金　书　网：www. golden-book. com
封底无防伪标均为盗版　机工教育服务网：www. cmpedu. com

译者序

Preface

在数字化的时代，文档型数据库、图数据等 NoSQL 数据库技术日益流行，它为处理大规模、结构化或非结构化数据提供了灵活、高效的解决方案。大型互联网系统的高并发、高可用架构都依赖于各种 NoSQL 数据库产品，很多读者认为 NoSQL 是通过反范式化（Denormalization）、无模式化（SchemaLess）设计来获得数据模型及数据结构的灵活性的。

然而，NoSQL 数据模型的灵活性，不代表他们可以无条件、无约束地任意发展。我国有句古话“无规矩不成方圆”。我们必须理解 NoSQL 的灵活性可以为软件开发者带来更高效的数据模型迭代效率，以适应数字化及未来 AI 系统的变化需求，同时也应注意到，很多对 NoSQL 和无模式不求甚解的设计，也导致了大量的复杂设计、无效设计以及引入新的故障点等诸多问题。

灵活性和规范性就像“硬币”的两面。本书结合传统关系型数据建模理论，以其深入浅出的解析和丰富的实践案例，介绍了 NoSQL 建模的理论和实践，为正在使用或计划使用 NoSQL 数据库的读者，提供灵活性和规范性平衡的建议及注意事项，是 NoSQL 用户必不可少的工具书，也是这一领域内不可多得的宝贵资源。

本书的另两位译者李猛、铭毅两位老师，都是 Elasticsearch 方面的资深专家。此外，还有胡刚（CDMP Master）、黄诗华（CDMP Master）、薛晓刚等几位专家帮助参与了审校、整理等工作，非常感谢以上专家的协作，一起将这一经典之作翻译成中文，使其能够更好地服务于广大的中国技术社区。

在此，还要特别感谢机械工业出版社的各位老师。正是他们的辛勤工作和专业贡献，使得这一经典之作能够以全新的面貌，呈现在更多的读者面前。

我们期望本书的出版能够为所有致力于数据库技术研究、开发和应用的朋友们提供指导和启发，共同开启数据技术的新篇章。

马　欢

目录

CONTENTS

阅读须知

关 于 本 书

我的小女儿会做一款美味的布朗尼蛋糕(简称布朗尼)。她是从商店里购买一包预制面糊开始的，然后逐步加入巧克力、苹果醋等“秘方”配料，从而制作出属于自己独特而美味的巧克

力蛋糕。

构建一个满足用户需求且稳健的数据库，也需要采用类似的方法。现成的布朗尼预制面糊代表了一个经过验证的成功配方。同样，几十年来已经证明成功的数据建模实践也是如此。巧克力和其他秘方配料则代表了生产卓越产品的特殊添加剂。Elasticsearch 也有许多特殊的设计考虑因素，就像巧克力一样。将经过验证的数据建模实践与 Elasticsearch 设计特定的实践相结合，可以创建一个强有力的交流工具——数据模型，从而极大地提高了用户获得卓越设计和应用的机会。

事实上，“**对齐>细化>设计**系列丛书（Align>Refine>Design Series）”的每一本都涵盖了特定数据库产品的概念、逻辑和物理数据建模，将数据建模最佳实践与解决方案特定的设计考虑因素相结合。这是一个成功的组合。

我女儿最初制作的几个布朗尼并不成功，尽管作为自豪且饥饿的父亲，我还是把它们吃了——味道还是不错的。当然还需要多加练习，才能做出具有令人惊叹效果的布朗尼。我们在建模方面也需要练习。因此，该系列的每本书都通过一个“宠物之家”的案例进行研究，展示建模技术的应用，来强化大家的学习效果。

如果读者想学习如何构建多种数据库解决方案，可以阅读该系列的其他书籍，从而帮助你更快地掌握其他数据库解决方案的技巧。

人们提到我的第一个标签是“数据”。我从事数据建模已有

30多年了，自1992年教授数据建模大师班开始——目前已达到第10版！我写了9本关于数据建模的书，包括《玫瑰数据石》(*The Rosedata Stone*)和《让数据建模更简单》(*Data Modeling Made Simple*)等。我还使用数据建模评分卡(Data Model Scorecard©)技术来评审数据模型。我是Design Challenges小组的创始人、数据建模研究院(Data Modeling Institute)数据建模认证考试的创始人、Data Modeling Zone大会的会议主席、技术出版社(Technics Publications)的总监、哥伦比亚大学的讲师，并获得了国际数据管理协会(DAMA)专业成就奖。

和我女儿制作布朗尼的情况类似，我已经完善了采用预制面糊制作布朗尼的食谱。也就是说，我知道如何建模。然而，我并不是精通每种数据库解决方案的专家。

该系列的每本书都是我与那些经过验证的数据建模实践与具体数据库解决方案专家相结合的产物。在本书中，拉菲德·雷兹(Rafid Reaz)和我一起制作布朗尼。我负责处理布朗尼蛋糕面糊的部分，而他负责添加巧克力和其他美味成分。拉菲德是Elasticsearch领域的思想领袖。

拉菲德在渥太华大学完成他的生物学和数学学士学位后，于22岁进入数据建模领域。2020年7月，他成为全球第10位进入数据建模研究所DMC名人堂的人，也是第一位进入名人堂的加拿大人。他还拥有数据分析和数据科学领域的经验，曾为资本市场、零售银行和保险数据进行深入分析并生成预测模型。他对关系型数据库和NoSQL数据模型都进行过深入的实践研究。拉菲德在 2021 年欧洲数据建模区会议上发表了关于将物理 NoSQL 模型逆向工程为逻辑数据模型的演讲。在业余时间，拉菲德喜欢录制音乐和创作数字艺术。作为一个富有创造力的人，他热爱与数据建模相关的活动和创新。

希望我们的团队合作能向你展示如何为 Elasticsearch 解决方案进行建模。特别是对于那些有关系型数据库数据建模经验的读者来说，本书提供了一种从传统方法过渡到利用 NoSQL 和 Elasticsearch 进行建模的桥梁。

关于 Elasticsearch

Elasticsearch 是一个开源的搜索和分析引擎，支持多种数据类型，包括文本、数值、地理空间、结构化和非结构化数据。由于易于使用、数据分发、速度和可扩展性，它最近已经成为一个流行的数据分析解决方案。Elasticsearch 依赖于对各种类型的数据建立索引的能力，这使得它有许多不同的用途，包括应用程序搜索、网站搜索、企业搜索、日志记录、基础设施度量分析、性能监控、地理空间数据分析和可视化、安全分析以及业务分析等。

除了 Elasticsearch 引擎之外，Elastic Stack 还包括以下一些工具：

- Kibana：位于 Elastic Stack 之上的前端应用程序，为 Elasticsearch 中索引的数据提供搜索和数据可视化功能。
- Beats：用于从数千台机器的系统向 Logstash 和 Elasticsearch

平台发送数据。

- Logstash 是一个位于服务端的数据处理管道，它的主要功能是从不同来源收集数据，对这些数据进行实时转换，然后将它们发送到所需的目标。这个工具可以理解为是 Elasticsearch 的数据管道，它将数据整理、处理和传输，以满足特定的需求。在实际应用中，Logstash 充当了一个数据转换和传输的关键组件，用于确保数据在不同系统之间流畅地流动和转换，以便在 Elasticsearch 等目标中进行进一步的分析和查询。

各个行业中各种规模的公司在广泛地采用 Elastic Stack。此外，Elastic Stack 有一个庞大而活跃的开发者社区支持。Elastic 公司提供各种可选的支持服务，以帮助客户使用 Elastic Stack。

Elasticsearch 索引

让我们更深入地了解一下 Elasticsearch 的工作原理。原始数据从各种数据源写入 Elasticsearch，通常使用 Logstash 进行数据收集。接下来是数据预处理阶段，这是将原始数据解析、标准化和丰富化之后进行索引(此处为动词)的过程。一旦数据被索引，用户就可以运行复杂的查询或使用聚合功能来检索数据。接着，通过 Kibana，用户可以轻松地创建数据可视化和仪表板，以及管理整个 Elastic Stack。

Elasticsearch 的主要组成部分之一是索引(此处为名词)。它是一组相关文档的集合。Elasticsearch 以 JSON 文档的形式存储数据。每个文档与一组键/值对相关联。它使用一种称为倒排索引的数据结构，通过列出文档中的每个唯一单词（或称为词项）并识别每个词项出现在哪些文档中，从而允许用户快速进行全文搜索。在索引过程中，Elasticsearch 存储文档并构建倒排索引，使数据可实现近实时搜索。

因此，Elastic Stack 以其高速度、分布式特性、丰富的功能集、简化的数据采集，以及强大的可视化和报告功能，成为备受欢迎的分析解决方案。

在面向文档的数据库中，存在两个关键特性，这些特性在关系型数据库（RDBMS）的表格行中是无法找到的，它们分别是层次结构（可理解为嵌套结构）和多态性（可理解为灵活性）。现在，让我们分别详细探讨这两个特性。

文档中的层次结构

使用文档也能够表示嵌套的或分层的数据结构。这与 RDBMS 中的表格形成对比，后者是由列和行组成的二维表格，需要使用关系和连接来表示分层数据。在 JSON 文档中，通过创建类似树状的结构，数据可以嵌套在其他数据中。

除了传统的标准数据类型（如字符串、数值、布尔、null 等）外，还可以使用所谓的“复杂”数据类型：对象和数组。在 JSON 中，对象是由大括号“{}”括起来的键值对集合，如图 1 所示。

键始终是字符串类型，而值可以是任何有效的 JSON 数据类型，包括其他对象、数组、字符串、数值、布尔或 null 等，例如：

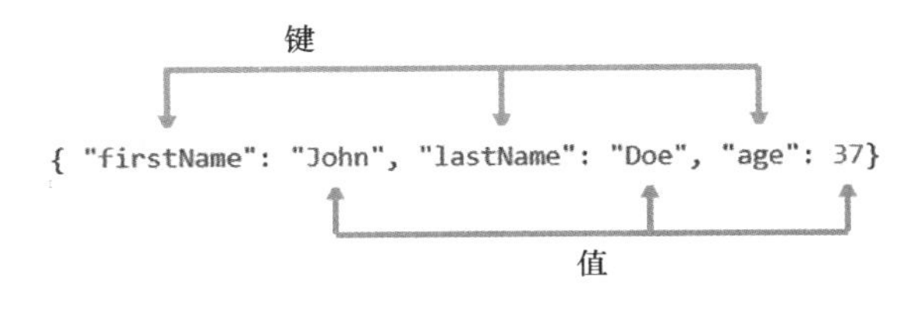

图 1 JSON 对象

```
{
  "name": "John Smith",
  "age": 35,
  "address": {
    "street": "123 Main St",
    "city": "Anytown",
    "state": "CA",
    "zip": "12345"
  }
}
```

数组是由方括号“[ ]”括起来的有序值列表。值可以是任何有效的 JSON 数据类型，包括其他数组、对象、字符串、数值、布尔或 null。数组中的每个值都由逗号分隔，例如：

```
["apple", "banana", "orange", "grape"]
```

可以随意组合对象和数组，如图 2 所示。

例如，可以使用对象数组将另一个表嵌入到集合中。该数组模拟了两个表之间的一对多或多对多关系。

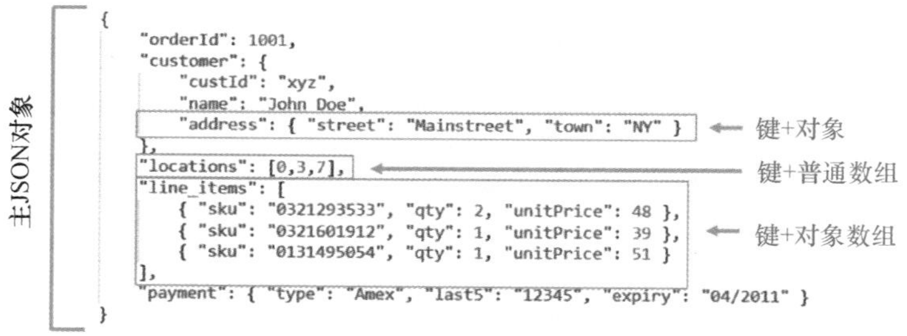

```
{
    "orderId": 1001,
    "customer": {
        "custId": "xyz",
        "name": "John Doe",
        "address": { "street": "Mainstreet", "town": "NY" }
    },
    "locations": [0,3,7],
    "line_items": [
        { "sku": "0321293533", "qty": 2, "unitPrice": 48 },
        { "sku": "0321601912", "qty": 1, "unitPrice": 39 },
        { "sku": "0131495054", "qty": 1, "unitPrice": 51 }
    ],
    "payment": { "type": "Amex", "last5": "12345", "expiry": "04/2011" }
}
```

主JSON对象

键+对象

键+普通数组

键+对象数组

图 2　任意组合对象

通常，JSON 键值对中的键是静态的名称。但也可以为键使用变量名，例如：

```
{
    "followers": {
        "abc123": {
          "name": "John Doe",
          "sports": ["tennis"]
        },
        "xyz987": {
          "name": "Joe Blow",
            "sports": ["cycling", "football"]
        }
    }
}
```

这一高级功能，有时被称为“模式属性”或“不可预测的键”，是后面将要详细描述的属性模式的特殊情况。Hackolade Studio(一款直观但功能强大的应用程序，可对许多 NoSQL 数据库、存储格式、REST API 和 RDBMS 中的 JSON 进行可视化数据建模和模式设计）在反向工程过程中正确地维护和检测这些结构，但这些不寻常的结构对传统的 SQL 和 BI 工具构成了巨大挑战。

使用分层嵌套子对象和数组对数据进行分组在 JSON 中有了以下几个好处：

- 数据组织的改进：使用子对象和数组嵌套相关数据则更容易理解、浏览、查询和操作数据。
- 灵活性：更灵活的数据模型可以更容易地适应不断变化的需求。
- 性能提升：在父文档中嵌入子文档可以通过减少检索数据所需的连接数量来提高性能。
- 更好的数据表示：例如，客户对象可以包含一个嵌套的地址对象。这样，清楚地表明地址与客户相关，并且更可读和直观。
- 数据完整性：通过将相关数据保持在一起，每个订单可以包含一个购物车项目的数组。这样，订单和项目之间的关系就很清晰，当需要时也很容易更新所有相关数据并执行级联删除。
- 开发者便捷性：通过将结构进行聚合，以匹配在面向对象编程中需要操作的对象，开发人员可以更高效地避免所谓的“对象不匹配”问题（在使用关系数据库时常见的问题）。

让我们用一个简单的订单示例来充分展示说明上述好处，以及为什么用户愿意接受 Elasticsearch 这种直观的文档模型作为传统关系型数据库结构的替代方案。

在遵守规范化规则的关系型数据库中，我们在存储时将订单的不同组成部分拆分到不同的表中。而在检索数据时，我们需要使用连接操作来重新组合这些不同的部分，以供处理、显示或报告使用。对于一般人来说(即那些没有接受过第三范式培训的人)，这种方法不直观，并且在性能方面消耗成本较高，尤其是在大规模应用情况下，如图 3 所示。

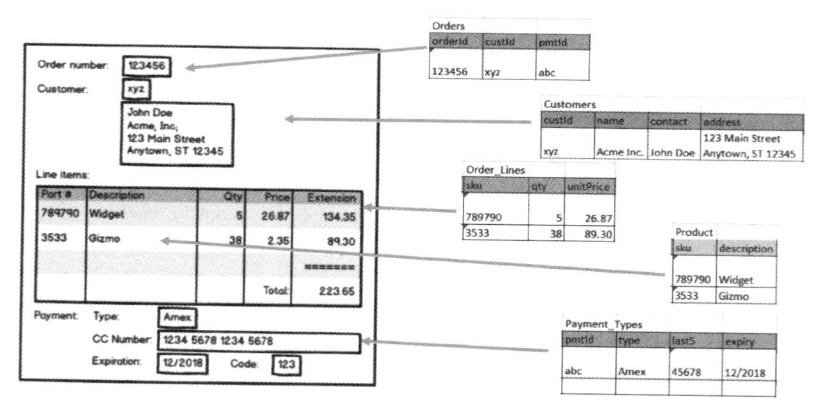

图 3　规范化示例

然而，使用 JSON 文档，所有相关的信息都存储在一个单独的文档中，并可以在其中检索，如图 4 所示。嵌套结构可以提供上述所描述的优势，但如果没有正确组织和结构化，有时会使数据变得更加复杂且难以处理。由于没有规范化规则可作为“防护栏”，因此数据建模相对关系型数据库更加重要。

将子对象和数组嵌套以非规范化地展现数据之间的关系会增加存储需求。然而，由于现今的存储成本相对较低，这一缺点常常被认为无关紧要。

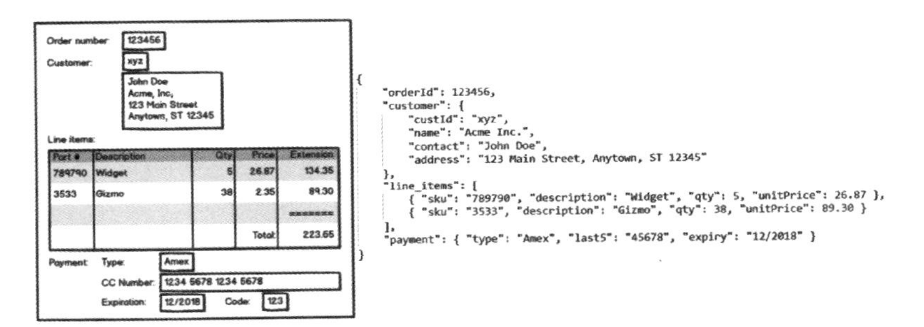

图 4 JSON 示例

正如 XSD 定义了可以出现在 XML 文档中的元素和结构，JSON Schema（https://json-schema.org/）定义了 JSON 文档的结构，使其格式验证变得容易。Elasticsearch 是一个无模式的引擎，因此在索引数据之前不进行任何数据验证。有的时候，能直接在数据存储层进行数据验证很重要，这样可以确保用户获得正确的数据。

在决定是否使用或避免嵌套数据时，开发者应权衡其利弊并做出明智的决策。在本书的后续部分，不同的模型设计模式章节将提供更多技术细节，帮助你做出明智的决策。

多态性

JSON 中的多态性是指 JSON 对象具有多种形式的能力。

具有多个数据类型的字段

JSON 中多态性的简单情况是同一字段可以具有不同的数据

类型，例如：

```
{
  "raceResults": [
      {
        "Position": 1,
        "Driver": "Lewis Hamilton"
      },
      {
        "Position": 2,
        "Driver": "MaxVerstappen"
      },
      {
        "Position": "DNF",
        "Driver": "Charles Leclerc"
      }
  ]
}
```

Position 字段可以具有不同的数据类型(如数值或字符串)，具体取决于比赛结果的设定。

同一集合中具有多个文档类型

多态性的一个复杂的例子是同一集合中的不同文档具有不同的结构，这与关系型数据库中的表继承相似。具体来说，它指的是一个 JSON 对象根据所代表的数据类型拥有不同的属性或字段的能力。

例如，考虑一个用于银行账户的集合。可能有多种类型的银行账户：支票账户、储蓄账户和贷款账户。所有类型都有一个通用的结构，而每种类型都有一个特定的结构。例如，支票账户的文档可能如下所示：

```
{
  "accountNumber": "123456789",
  "balance": 1000,
  "accountType": "checking",
  "accountDetails": {
    "minimumBalance": 100,
    "overdraftLimit": 500
  }
}
```

储蓄账户的文档可能如下所示：

```
{
  "accountNumber": "987654321",
  "balance": 5000,
  "accountType": "savings",
  "accountDetails": {
    "interestRate": 0.05,
    "interestEarned": 115.26
  }
}
```

贷款账户的文档可能如下所示：

```
{
  "accountNumber": "567890123",
  "balance": -5916.06,
  "accountType": "loan",
  "accountDetails": {
```

```
    "loanAmount": 10000,
    "term": 36,
    "interestRate": 1.5,
    "monthlyPmt": 291.71
  }
}
```

这种灵活和动态扩展的结构非常方便，消除了需要单独建表，或者在规模扩大时会迅速变得难以管理的宽表的需求。

然而，这种灵活性在查询或操作数据时也可能带来挑战，因为它要求应用程序关注和考虑数据类型和结构的变化。在此阶段不详细赘述相关内容，图 5 所示为这些文档的单个模型。

Account		
accountNumber	pk	string
dateOpened		date
balance		dbl
accountType		string
⊟ anyOf		ch
⊟ [0] checking		sub
minimumBalanace		dec
overdraftLimit		int
⊟ [1] savings		sub
interestRate		dec
interestEarned		dbl
⊟ [2] loan		sub
loanAmount		dbl
term		int
interestRate		dec
monthlyPmt		dbl

图 5　文档字段结构

对于熟悉传统数据建模的人来说，上述情况可以使用子类型表示，并可能导致出现表的继承关系，如图 6 所示。

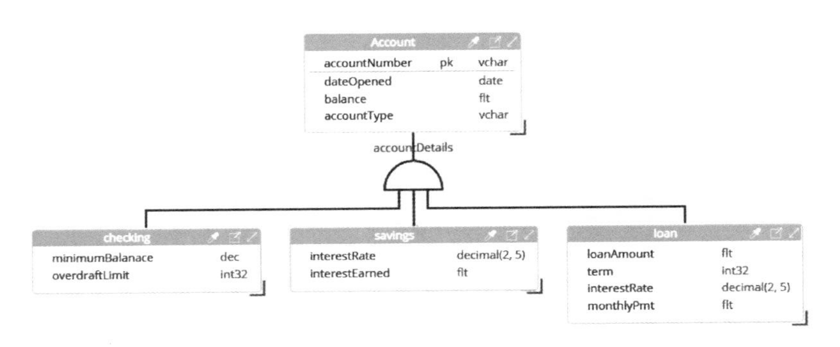

图 6 子类型

模型演化和版本控制

多态性的另一个常见情况是，由于文档模式随时间的演变，同一集合中的文档具有不同的形态。这种情况可以隐式地完成，也可以通过文档根字段中的明确版本号(Version)来完成。

开发者喜欢 Elasticsearch 使模型演变变得简单这一事实。为了适应新的或变更的要求，你可以添加或删除字段、更改数据类型、修改索引选项等，而不会像在关系型数据库中那样带来头痛的问题。这为开发者提供了不经过严格流程就可以进行快速更新的自由和灵活性。

本书后面会详细讲解文档模型。现在，只需知道这种能力是利用了文档模型的多态性。

我们应该小心管理模型演变和版本控制，以避免遗留“技术债务”，并考虑到数据通常会被不同的应用程序、SQL 或 BI 工具读取，这些工具可能无法处理此种多态性。在成功利用 NoSQL

的项目和组织中，模型迁移被视为一种最佳实践，因此，它应该成为模型演变策略的一部分，来规避这些缺点造成的问题。

Elasticsearch 映射

Elasticsearch 中的另一个关键概念是映射(Mapping)。它是定义文档及其包含字段如何存储和索引的过程。每个文档由一组字段组成，每个字段都有自己的数据类型。首先，创建一个映射定义。这包含了文档中的字段列表和用于控制如何处理与文档关联的元数据字段。定义映射的过程有助于优化 Elasticsearch 的性能并节省磁盘空间。根据如何定义每个字段的类型，字段将以不同的方式进行索引和存储。Elasticsearch 中有两种类型的映射：动态映射和显式映射。

动态映射

当用户未定义映射时，Elasticsearch 会创建一个称为动态映射的默认映射。Elasticsearch 查看每个字段并尝试根据该字段中的内容推断数据类型。然后，它为每个字段分配一个类型，并创建一个字段名称和类型的列表。这个列表就是映射。

显式映射

显式映射是指用户主动定义映射，以创建与字段及其类型相关联的字段列表的过程。

数据建模和设计

你可以想象，为 Elasticsearch 进行数据建模和设计与关系型数据库大不相同。这是因为 Elasticsearch 采用类似 JSON 的文档存储为非规范化的文档，其中包含嵌套对象和数组，而不是规范化的平面表格。而且，Elasticsearch 不会像传统关系型数据库管理系统（RDBMS）的数据库引擎那样强制执行约束检查。

文档数据库方法的灵活性是其受到许多开发人员喜爱的理由，但这种灵活性也伴随着一些风险。由于 Elasticsearch 不强制执行约束，需要开发人员确保数据保持一致，并符合应用程序的要求。未能这样做可能会导致数据损坏、查询结果不准确和应用程序错误。通过在数据建模过程中主动采用一些方法可以减轻上述风险并确保数据一致性和高质量。它还有助于提高生产效率和降低总拥有成本（TCO）。通过现代数据建模方法和 21 世纪诞生的下一代工具，Elasticsearch 可以完美融入你的敏捷开发过程中。

数据建模是开发过程中的关键步骤，这个步骤允许开发人员在编码开始之前与业务领域专家紧密合作，定义数据的结构。正如食谱可以指导人们烘焙布朗尼蛋糕一样，数据模型可以作为数据的结构和组织的蓝图。通过在建模过程中请领域专家参与，开发人员可以确保数据模型准确反映项目的需求和要求。通过这种协作，开发人员更有可能避免因使用定义不清晰的数据而导致的潜在错误和不一致性。通过在开始烘焙之前遵循食谱，开发人员可以更加高效和成功地创建符合用户最终需求的产品。

受众

本书主要面向两类受众群体：

数据架构师和建模人员。他们需要扩展包括 Elasticsearch 在内的建模技能。正如，我们这些知道利用预制面糊制作布朗尼的人，正在寻找如何添加巧克力等配料的秘方。

知道 Elasticsearch 但需要扩展建模技能的数据库管理员和开发人员。也就是说，除了那些知道如何添加巧克力等配料的人外，还需要进一步学习如何将巧克力与现成的布朗尼面糊相结合的人。

本书包括自成一章的模型基础介绍（引言关于数据模型），然后是以方法的三个步骤命名的章节。这四章内容简单介绍如下：

- 引言：关于数据模型。本章涵盖了精确性、最小化和可视化三个模型特征；实体、关系和属性三个模型组件；业务术语（对齐）、逻辑（细化）和物理（设计）三个模型级别；以及关系型、维度和查询三个建模视角。在本章结束时，你将了解数据建模的概念以及如何处理各种数据建模任务。这些内容对需要数据建模基础的数据库管理员和开发人员很有用，也对需要更新建模技能的数据架构师和数据建模人员很有用。
- 第 1 章：对齐。本章介绍了数据建模方法的对齐阶段，解释了对齐业务词汇的目的，引入了“宠物之家”案例，然后逐步完成对齐方法。本章对架构师/建模人员和数据库管理员/开发人员都很有用。

- 第2章：细化。本章介绍了数据建模的细化阶段，解释了细化的目的，细化了“宠物之家”案例的模型，然后逐步完成了细化方法。本章对架构师/建模人员和数据库管理员/开发人员都很有用。
- 第3章：设计。本章介绍了数据建模的设计阶段，解释了设计的目的，为“宠物之家”案例设计了模型，然后逐步完成了设计方法。本章对架构师/建模人员和数据库管理员/开发人员都很有用。

本书每章都以三个贴士和三个要点结束。我们的目标是尽可能简洁全面，以充分节省您的学习时间。

本书中的大多数数据模型是使用 Hackolade Studio（https://hackolade.com）创建的，你可以参考网页 https://github.com/hackolade/books 上附带的数据模型示例。

下面，让我们开始吧！

拉菲德和史蒂夫

引言

关于数据模型

本章借助如何利用预制面糊来制作布朗尼蛋糕的过程，讲述了数据建模的原则和概念。除了解释数据模型概念外，本章还介

绍了数据模型的精确性、最小化和可视化三个特征；数据模型的实体、关系和属性三个组件；数据模型的业务术语（对齐）、逻辑（细化）和物理（设计）三个级别（层次）；以及数据建模的关系、维度和查询三个视角。到本章结束时，您将了解如何处理各类的数据建模任务。

数据模型定义

模型是对某个场景的精确表达。精确意味着对模型的理解只有一种含义——既不模糊也不取决于某人的解释。人们以完全相同的方式读取相同的模型，这使得模型成为极有价值的交流工具。

通常大家需要“说”同一种语言才能展开讨论。也就是说，一旦人们知道如何读取模型上的符号（语法），就可以讨论这些符号所代表的内容（语义）。

一旦搞懂了语法，就可以继续讨论语义。

例如，图 7 所示的地图可帮助游客浏览城市。一旦知道地图上符号的含义，如表示街道的线条，人们就可以阅读地图，并将其用作有价值的观光导航工具。

图 8 所示的房型图可帮助建筑师沟通设计计划。图纸上包含了各种表示符号，如矩形代表的房间和线条代表的管道等。一旦知道图纸上矩形和线条的含义，人们就知道房屋结构的样子，并

且可以理解整个建筑景观。

图 7 地图

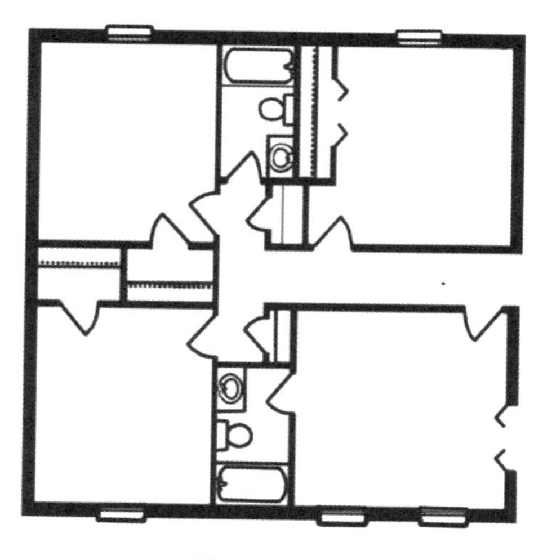

图 8 房型图

图 9 所示的数据模型可帮助业务和技术人员讨论需求和术语。数据模型也包含了各种表示符号，如代表术语的矩形和代表业务规则的线条。一旦知道数据模型上矩形和线条的含义，人们就可以展开讨论，并就在信息场景中捕获的业务要求和术语达成一致。

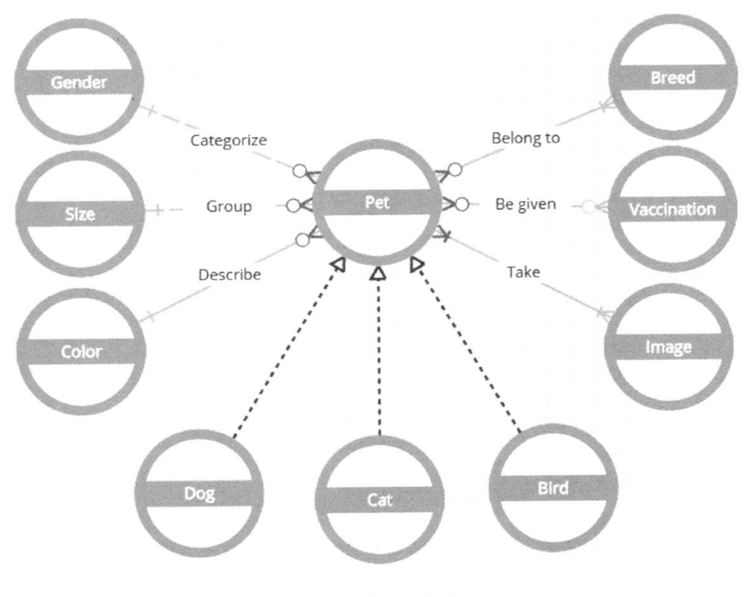

图 9 数据模型

数据模型是信息场景的精确表示。通过构建数据模型可以确认和记录对不同视角的理解。

除了精确性之外，模型还有两个重要特征是最小化和可视

化。接下来讨论模型的这三个特征。

模型的三个特征

模型之所以有价值，就是因为其精确性——只有一种可以解释模型上符号含义的方法，因此必须将口头和书面沟通中的模糊内容转化为精确的语言表达。精确并不意味着复杂——我们需要保持语言的简单，只显示能成功沟通所需的最少信息。此外，遵循“一图胜过千言万语”的格言，即使是精确而简单的语言，也需要可视化的手段来辅助沟通。

精确性、最小化和可视化是模型的三个基本特征。

精确性

Bob：你的课程(Course)进展如何？

Mary：进展顺利。但是我的学生们(Students)抱怨作业太多了。他们告诉我还有很多其他课程(Classes)。

Bob：我的高级研修班(Session)学员(Attendees)也这么说。

Mary：我没想到研究生也会这么说。不管怎样，你这个学期(Semester)教了多少门课程(Offerings)？

Bob：这个学期(Term)我一共教了5门课程(Offerings)，其中一门是晚上的非学分课程(Class)。

我们可以让这次对话再继续增加几页纸的交谈内容，但你看到这个简单对话中的歧义了吗？

- 不同的课程称呼（**Course**、**Class**、**Offering** 和 **Session**）有什么区别？
- 不同的学期称呼（**Semester** 和 **Term**）是一回事吗？
- 不同的学生称呼（**Student** 和 **Attendee**）一样吗？

精确意味着“精确或清晰地定义或陈述”。精确意味着一个术语只有一种解释，包括该术语的名称、定义和与其他术语的关系。组织中面临的增长、信任和生存有关的大多数问题，都源于缺乏精确性。

在最近的一个项目中，史蒂夫需要向一群高级人力资源主管解释数据建模。这些高级管理人员领导的部门负责实施非常昂贵的全球员工费用系统。史蒂夫觉得这些忙碌的人力资源主管们需要数据建模课程。所以，他要求坐在这个大会议室桌旁的每位经理写下他们对员工的定义。几分钟后大家停笔，史蒂夫要求大家分享他们对员工的定义。

像预期的那样，没有两个定义是相同的。例如，一位经理给出的定义中包括临时工，而另一位则包括暑期实习生。大家没有花费更多的会议时间试图就员工的含义达成共识，而是讨论了创建数据模型的原因，包括精确的价值。史蒂夫解释说，这将是一个艰难的旅程——我们就员工的定义达成一致，并以数据模型的形式对其进行记录，使得之后任何人都不必再经历同样的痛苦过程。相反，大家可以使用和扩展现有的模型，为组织带来更多价值。

保持术语的精确性是一项艰苦的工作，需要将口头和书面沟通中的模糊陈述转化一种形式，使得多人阅读有关该术语的内容时，每个人都能获得该术语的单一清晰画面，而不是各种不同的解释。例如，一组业务用户最初将产品定义为：

我们生产出来旨在出售以获取利润的东西。

这个定义精确吗？如果你和我都读这个定义，每个人都清楚“东西”（Something）是什么意思吗？东西是有形的像锤子，还是某种服务？如果它是锤子，我们将这个锤子捐赠给一个非营利组织，它还是产品吗？毕竟，我们没有从中获利。“旨在”（Intending）这个词可能基本表达了我们的想法，但接下来不应该更详细地解释一下吗？到底“我们”是谁？是整个组织还是它的某个子集？还有“利润”（Profit）一词的含义是什么？两个人能否会以完全不同的方式理解“利润”这个词？

现在，你应该明白了问题所在。我们需要像专业分析师一样找到文本中的差距和模糊陈述，使术语更为精确。经过一些讨论后，我们将产品定义更新为：

产品，也称为成品，是达到可以销售给消费者的状态的东西。它已完成制造过程，包含包装，并贴有可以销售的标签。产品不同于原材料和半成品。像糖或牛奶这样的原材料，以及像熔化的巧克力这样的半成品，永远不会销售给消费者。如果将来可以直接向消费者销售糖或牛奶，那么糖和牛奶也将成为产品。

例如，某些产品：

黑巧克力 42 盎司。

柠檬剂 10 盎司。

蓝莓酱汁 24 盎司。

至少请 5 个人看看他们是否都清楚这个特定项目对产品的定义。测试精确性的最佳方法是尝试破坏定义。可以想出很多物品例子，看每个人是否做出相同的决定，即每个物品例子是否属于产品。

1967 年，米利(G. H. Mealy)在一篇白皮书中做了以下陈述：

看起来，关于数据我们没有一个非常清晰和普遍认同的概念——包括数据是什么，如何提供和处理它们，它们与编程语言和操作系统是否有关等问题。

尽管米利先生是 50 多年前提出了这一说法，但如果用“**数据库**”一词替换“**编程语言和操作系统**”，今天的类似说法依然成立。

致力于精确性可以帮助我们更好地理解业务术语和业务需求。

最小化

现今的世界充满了干扰我们感官的各种噪声，使得我们很难聚焦那些为做出明智决定所需的相关信息。因此，模型应该包含一组最小化的符号和文本，通过只包含我们需要的表达来简化现实世界。

模型中过滤掉了很多信息，创建了一个不完整但极其有用的现实反映。例如，我们可能需要有关客户的描述性信息，如姓名、出生日期和电子邮件地址，但我们不会包括添加或删除客户的过程信息。

可视化

可视化意味着采用图像而非大量文本。人们的大脑可以比文本快约六万倍的速度处理图像，而且传输到大脑中有 90%是视觉信息㊀。

有时我们可能会阅读整个文档，但在看到总结性的图形或图片之前，都不会获得那一刹那的明确性。想象一下从一个城市到另一个城市的情况，阅读文字导航信息，与阅读可视化路况地图的感受对比。

模型的三个组件

数据模型的三个组件是实体、关系和属性(包括键)。

实体

实体是关于对业务很重要的某件事的一组信息。它是一个名词，被认为是针对特定项目受众的“基本”和“关键”名词。

㊀ https://www.t-sciences.com/news/humans-process-visual-data-better。

“基本”意味着在讨论该项目时，此实体在对话中被频繁提及。“关键”意味着如果没有这个实体，该项目将会有显著差异或不存在。

大多数实体很容易识别，包括跨行业常见的一些名词，如客户、员工和产品。实体可以基于受众和项目范围在部门、组织或行业内有不同的名称和含义。航空公司可以将客户称为乘客，保险公司可以将客户称为保单持有人，但他们都是商品或服务的接受者。

每个实体都可以归类为六个类别之一：谁(Who)、什么(What)、何时(When)、哪里(Where)、为什么(Why)或怎样做(How)。也就是说，每个实体只能是谁、什么、何时、哪里、为什么或怎样做中的一种。表1包含了每个类别的定义以及示例。

表1　实体类别的定义和示例

类　别	定　义	例　子
谁	对项目感兴趣的人员或组织	员工、病人、球员、客户、供应商、学生、乘客、竞争对手、作者
什么	对项目感兴趣的产品或服务。组织生产或提供保持其业务运转的东西	产品、服务、原材料、成品、课程、歌曲、照片、税务筹划、保单、品种
何时	对项目感兴趣的日历或时间间隔	时间表、学期、财务期间、持续时间
哪里	对项目感兴趣的位置。位置可以指实际地点以及电子地点	员工家庭住址、分销点、客户网站
为什么	对项目感兴趣的事件或交易	订单、退货、投诉、提现、付款、交易、索赔

（续）

类　别	定　义	例　子
怎样做	对项目感兴趣的事件的记录。记录诸如采购订单（“如何”）、记录订单事件（“为什么”）的事件。文件提供了事件发生的证据	发票、合同、协议、采购订单、超速罚单、装箱单、交易确认

在数据模型图上，实体通常以矩形显示，例如宠物之家案例中图 10 所示的这两个实体。

图 10　传统实体

实体实例是该实体的一个具体存在、示例或代表。实体宠物（Pet）可能有多个实例，例如斑点、黛西、米斯蒂等。实体品种（Breed）也可能有多个实例，如德国牧羊犬、格雷伊猎犬和比格犬。

在特定技术场景讨论时，实体和实体实例会采用更确切的名称。例如，在像 Oracle 这样的 RDBMS 中，实体称为表，实例称为行；而在 Elasticsearch 中，实体称为集合，实例称为文档。

关系

关系（Relationship）表示两个实体之间的业务连接，在模型上以连接两个矩形的线条形式出现。例如，图 11 所示为宠物（Pet）和品种（Breed）之间的关系。

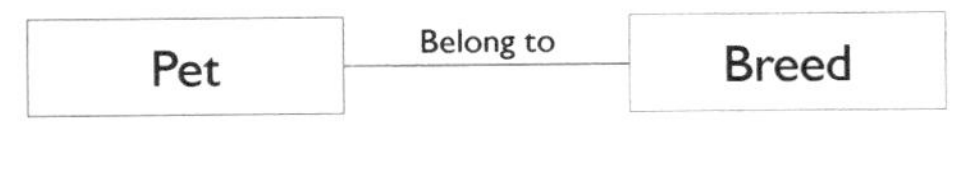

图 11　关系和标签

属于(**Belong to**)一词称为标签(Label)。标签为关系添加了含义。我们不仅可以说**宠物**可能与**品种**相关，还可以说**宠物**可能属于某个**品种**。**属于**(**Belong to**)比**相关**(**Relate**)的含义更具体。

到目前为止，我们知道关系可以用来表示两个实体之间的业务连接。如果能够更多地了解关系的信息将更有意义，例如**宠物**是否可以属于多个**品种**，或者一个**品种**是否可以分类多个**宠物**。接下来我们介绍基数的概念。

基数(Cardinality)是模型中关系线上的一个附加符号，表达一个实体的多个实例与另一个实体的多个实例之间参与关系的数量。

目前业界有多种模型表示法，每种方法都有自己的一套符号。在本书中，我们使用一种称为信息工程(IE)的表示法。自20世纪80年代初以来，IE一直是非常流行的表示法。如果您的组织内使用IE以外的其他表示法，则必须将以下符号翻译成您的模型表示法中的相应符号。

我们可以选择0、1或多的任意组合。多(Many，有些人使用More)指1个或多个。是的，多包括1个。指定1个或多个表示捕获多少实体实例的数量参与给定关系。指定0或1个表示关系中该实体实例是否必需。

回想一下宠物(Pet)和品种(Breed)之间的传统关系，如图 12 所示。

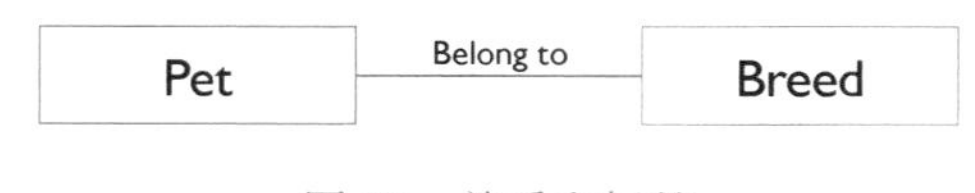

图 12 关系和标签

现在把基数添加到关系中。我们首先询问几个参与性(Participation)问题以获得更多信息。参与性问题可以告诉我们关系是“1”还是“多”。例如：

- 一只**宠物**可以属于多个**品种**吗？
- 一个**品种**可以有多只**宠物**吗？

可以用一个简单的电子表格来跟踪这些问题及其答案：

问 题	是	否
一只宠物可以属于多个品种吗？		
一个品种可以有多只宠物吗？		

我们咨询了动物收容所的专家并得到了如下答案：

问 题	是	否
一只宠物可以属于多个品种吗？	√	
一个品种可以有多只宠物吗？	√	

我们了解到，一只**宠物**可以属于多个**品种**。例如，黛西既是比格犬又是梗犬的混血。我们也了解到，一种**品种**可以有多只宠物。例如，斯帕基和斑点都是格雷伊猎狗。

在 IE 表示法中，“多”（指 1 个或多个）在数据模型上是一个看起来像鸭掌的符号(数据人俗称它为鸭掌模型)，如图 13 所示。

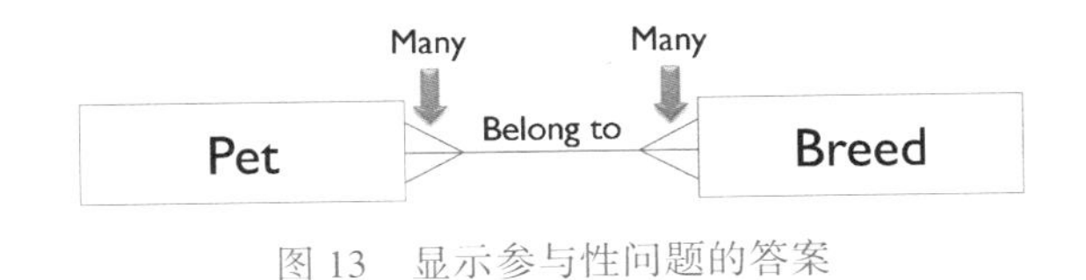

图 13　显示参与性问题的答案

现在我们对关系有了更多的了解：

- 每只**宠物**可以属于多个**品种**。
- 每个**品种**可以有多只**宠物**。

在阅读关系时，我们会使用“每”（Each）这个词，通常这个词用在对读者是最有意义的，也是关系标签最清晰的那个实体前面。

到目前为止，这个关系还不够精确。所以，除了问前面两个参与性问题之外，我们还需要问几个存在性(Existence)问题。存在性问题告诉我们对于每个关系，一个实体是否可以在没有另一个实体存在的情况下存在。例如：

- 一只**宠物**可以没有明确**品种**而存在吗？
- 一个**品种**可以没有**宠物**而存在吗？

我们询问了宠物之家的专家并得到了这些答案：

问　　题	是	否
一只宠物可以没有明确品种而存在吗？		√
一个品种可以没有宠物而存在吗？	√	

我们了解到，一只**宠物**(**Pet**)不能没有明确品种而存在，而一个**品种**(**Breed**)可以没有**宠物**而存在。这意味着，例如，宠物之家可能没有吉娃娃。然而，我们需要为每只宠物确定一个品种(在这种情况下是一个或多个品种)。我们首次提到见到黛西，就需要确定其品种，比如比格犬或梗犬中的至少一个。

图 14 所示为这两个问题的答案。

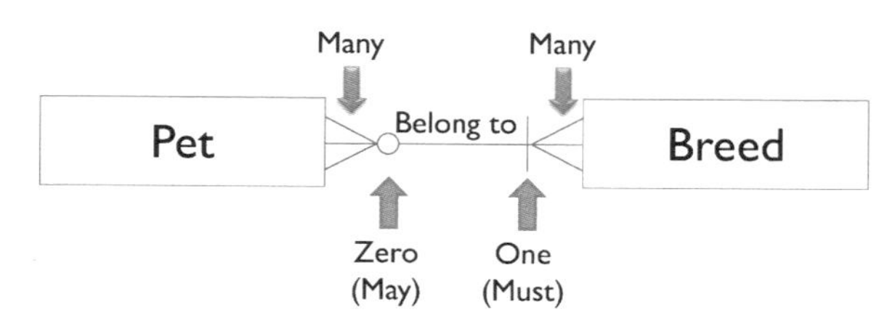

图 14　显示存在性问题的答案

在添加存在性之后，我们有了一个更精确的关系：

- 每只**宠物**必须(Must)属于 1 个或多个**品种**。
- 每个**品种**可能(May)有多只**宠物**。

存在性问题也称为 May/Must 问题。在阅读关系时，存在性问题告诉我们是使用 May 还是 Must。0 表示 May，指可选性——该实体可以在没有另一个实体的情况下存在。例如，**品种**可以在没有**宠物**的情况下存在。1 表示“必须”，指一定需要——该实体不能在没有另一个实体的情况下存在。例如，**宠物**必须属于至少一个**品种**。

如果我们的工作处于详细逻辑数据模型(稍后将详细讨论)层面，还需要问另外两个问题，称之为识别性(Identification)

问题。

识别性问题告诉我们对于每个关系，一个实体是否可以在没有另一个实体的情况下识别出来。例如：

- 不确定**品种**就可以标识**宠物**吗？
- 不确定**宠物**就可以标识**品种**吗？

我们咨询了动物收容所的专家并得到了这些答案：

问　　题	是	否
不确定品种就可以标识宠物吗？	√	
不确定宠物就可以标识品种吗？	√	

我们了解到，在不知道**品种**的情况下可以识别**宠物**。我们可以在不知道斯帕基是德国牧羊犬的情况下把它叫作斯帕基。此外，我们可以在不包含来自宠物的任何信息的情况下识别**品种**。这意味着，例如，我们可以在没有任何**宠物**信息的情况下标识出吉娃娃品种。

图 15 所示的模型图中用虚线标识非识别关系，也就是说，

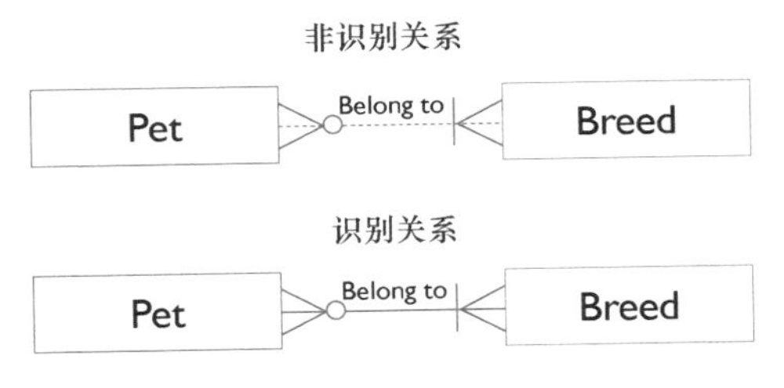

图 15　非识别关系(上)和识别关系(下)

当两个问题的答案都是“是”的情况。用实线捕获识别关系，也就是说，当其中一个答案是“否”的情况。

所以，总结一下，参与性问题揭示了每个实体与另一个实体是否具有一对一或一对多的关系。存在性问题揭示了每个实体与另一个实体是否具有可选的(May)或强制的(Must)关系。识别性问题揭示了每个实体是否需要另一个实体来返回唯一的实体实例。

开始的时候，使用具体的示例可以让事情变得更容易理解，并最终帮助您向同事解释模型。参见图 16 所示的示例。

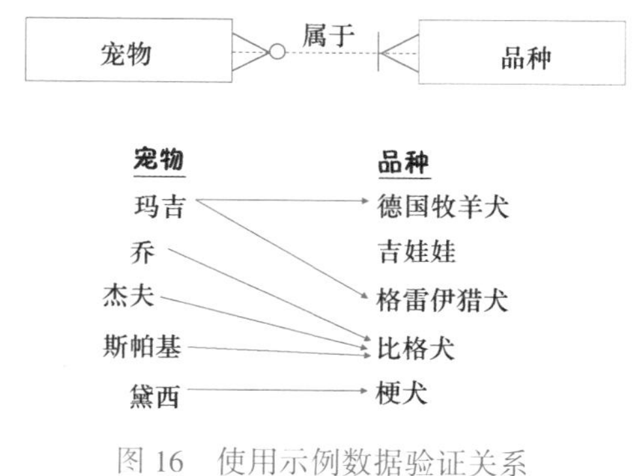

图 16 使用示例数据验证关系

从这个数据集可以看出，某个**宠物**可以属于多个**品种**，比如玛吉(Maggie)既是德国牧羊犬(German Shepherd)又是格雷伊猎犬(Grayhound)的混种。您还可以看到每个**宠物**必须属于至少一个**品种**。我们也可以有一个暂时不存在任何**宠物**的**品种**，比如吉娃娃(Chihuahua)。此外，一个**品种**可以包括多只**宠物**，比如乔

(Joe)、杰夫(Jeff)和斯帕基(Sparky)都是比格犬。

回答完所有6个问题后可以得到一个精确的关系。精确意味着大家都以完全相同的方式读取模型。

假设我们对6个问题的答案略有不同：

问　　题	是	否
一只宠物可以属于多个品种吗？		√
一个品种可以有多只宠物吗？	√	
一只宠物可以没有品种而存在吗？		√
一个品种可以没有宠物而存在吗？	√	
不知道品种就可以识别宠物吗？	√	
不知道宠物就可以识别品种吗？	√	

这6个问题答案推导出以下模型，如图17所示。

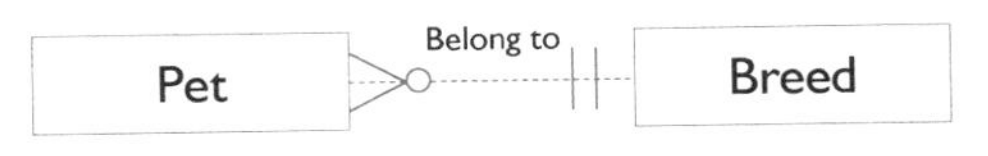

- 每只宠物(Pet)必须属于一个品种(Breed)
- 每个品种(Breed)可以有多只宠物(Pet)

图17　不同的问题答案会导致不同的基数

在上面这个模型中，只能包括纯种**宠物**，因为必须为每只**宠物**分配唯一一个**品种**。这里没有杂交品种！

关系标签要非常清晰。标签是连接实体(名词)的动词。任何完整的句子，都需要名词和动词。要确保关系线上标签尽可能地描述完整。下面是一些好标签的示例：

- 包含。
- 提供。
- 拥有。
- 发起。
- 特征。

应避免在标签中使用类似如下单词，因为它们没有为读者提供额外的信息。虽然您可以将这些词与其他词组合使用合成有意义的标签，但要避免单独使用这些词：

- 有。
- 相关联。
- 参与。
- 相关。
- 是。

例如，下面的关系语句：

“每只**宠物**必须与一个**品种**相关(Relate)。”

可以替换为：

“每只**宠物**必须属于(Belong to)一个**品种**。”

在特定技术语境讨论时，“关系”可能采用更确切的名称表达。例如，在 Oracle 等 RDBMS 中的关系称为约束。Elasticsearch 中的关系称为引用，但它们不是强制执行的约束。通常首选通过嵌入来实现关系。这两种方法的优缺点在本书后面章节会有详细讨论。

除了关系线之外，我们还可以拥有子类型关系。子类型关系将公共实体分组在一起。例如，**狗**(Dog)和**猫**(Cat)实体可能使用子类型，在更通用的**宠物**术语下分组实现。在这个例子中，**宠物**称为分组实体或超类型，**狗**和**猫**称为两个分组子类型，如图 18 所示。

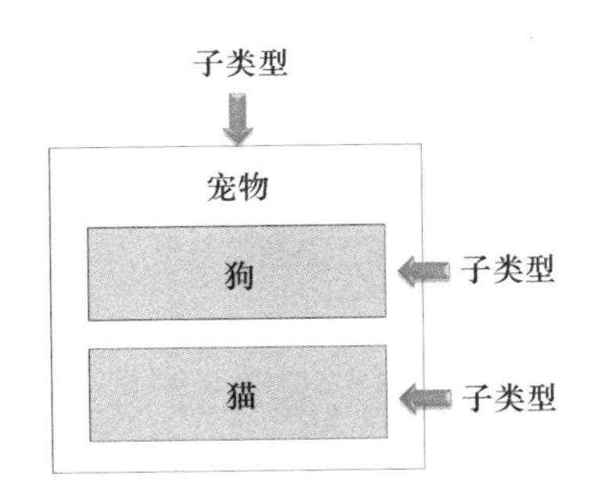

图 18　类似于继承的概念子类型

我们可以这样理解该模型：

- 每个**宠物**可以是**狗**或**猫**之一。
- **狗**是一种**宠物**，**猫**是一种**宠物**。

子类型关系意味着属于超类型的所有关系(以及我们马上要学习的属性)同样属于每个子类型。因此，与**宠物**的关系也属于**狗**和**猫**。例如，猫也可以被分配属于某些品种，所以对于所有的猫和狗来说，与**品种**的关系存在**宠物**级别，而不是**狗**级别。参阅图 19 所示的示例。

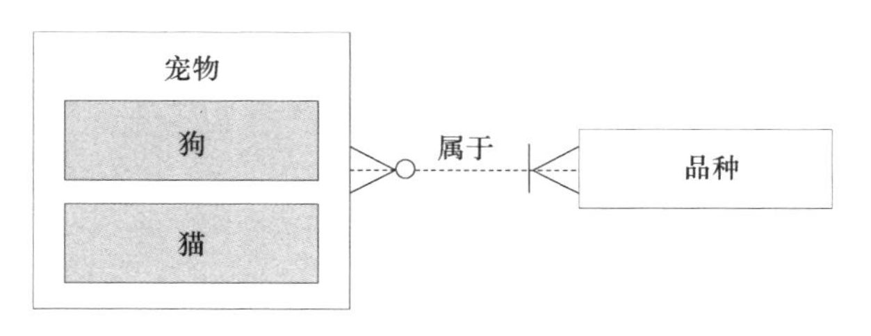

图 19　Pet 的关系被继承到 Dog 和 Cat

所以如下关系：

- 每只**宠物**必须属于多个**品种**。
- 每个**品种**可以有多只**宠物**。

也适用于**狗**(**Dog**)和**猫**(**Cat**)：

- 每只**狗**必须属于多个**品种**。
- 每个**品种**可以有多条**狗**。
- 每只**猫**必须属于多个**品种**。
- 每个**品种**可以有多只**猫**。

子类型不仅可以减少冗余，而且还可以更容易地传达跨不同独立术语的相似性。

属性和键

一个实体包含多个属性(Attribute)，属性是实体的片段信息标识、描述或实例测量值。例如：实体**宠物**可能包含识别一个**宠物**的属性**宠物号码**(Pet Number)、描述**宠物**的属性**宠物名字**(Pet

Name）以及测量**宠物**的属性**宠物年龄**（Pet Age）。

在特定技术语境讨论时，“属性”可以采用更确切的名称表达。例如，在像 Oracle 这样的 RDBMS 中，属性称为列。在 Elasticsearch 中，属性称为字段。

候选键（Candidate Key）是一个或多个属性，它能唯一标识一个实体实例。我们为每本书分配 **ISBN**（国际标准书号）。**ISBN** 唯一标识每本书，因此 ISBN 是书的候选键。在某些国家，**税号**（**Tax ID**）可以是组织的候选键。**账号代码**（**Account Code**）可以是账户的候选键。**VIN**（Vehicle Identification Number，车辆识别号码）可以是机动车辆的候选键。

候选键必须具有唯一性和强制性。唯一性意味着一个候选键值不能标识多个实体实例（或多个现实世界的事物）。强制性意味着候选键不能为空（Empty 空的，也称为 Nullable 可为空的）。每个实体实例必须由一个候选键值精确标识。

不同值的候选键总数量等于不同实体实例的总数量。如果“书”这个实体的候选键是 **ISBN**，并且有 500 个实例，那么也将有 500 个唯一的 **ISBN**。

即使一个实体可能包含多个候选键，但我们只能选择一个候选键作为该实体的主键。主键（Primary Key）是被首选作为实体唯一标识符的候选键。备用键（Alternate Key）也是一个候选键，尽管它同样具有唯一性和强制性，以及仍然可以用于查找特定的实体实例，但没有被选为主键。

模型图中，主键出现在实体框内的横线上，备用键用括号中的 AK 表示。所以在下面的宠物实体中，宠物号码 Pet Number 是主键，宠物名字 Pet Name 是备用键。在 Pet Name 上有一个备用键意味着我们不能有两个同名的宠物。这是否合理还是个很好的讨论话题。但是，当前状态下的模型不允许出现重复的宠物名字（Pet Names），如图 20 所示。

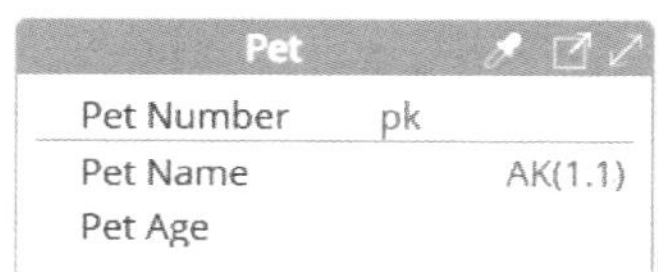

Pet
Pet Number pk
Pet Name AK(1.1)
Pet Age

图 20　Pet Name 作为备用键意味着不能有两个同名的宠物

候选键可以是单一键（Simple Key）、复合键（Compound Key）或组合键（Composite Key）。如果它是单一键，可能是业务键（Business Key）或代理键（Surrogate Key）。表 2 包含了各种键类型的示例。

表 2　各种键类型的示例

类　型	单一键	复合键	组合键	重载键
业务键	唯一标识符	促销类型代码 促销开始日期	（客户名字+客户姓氏+生日）	学生 年级
代理键	书号			

有时一个属性就可以标识实体实例，如图书的 **ISBN**。当单个属性组成键时，我们使用单一键。单一键可以是业务键（也称为自然键）或代理键。

业务键对业务可见(例如**保单**的**保单号**)。代理键对业务永远不可见。代理键是技术人员为解决技术问题而创建的，如空间效率、速度或集成等。它是一个表的唯一标识符，通常是一个固定长度的计数器，由系统生成，不带有任何业务含义。

有时需要多个属性才能唯一标识一个实体实例。例如，**促销类型代码**和**促销开始日期**都可能是识别促销活动所必需的。当多个属性组成一个键时，我们使用复合键。因此，**促销类型代码**和**促销开始日期**组合在一起是促销活动的复合候选键。当一个键包含多个信息时，我们使用组合键，将客户的名、姓和生日全部包含在同一个属性中的简单键就是简单组合键的一个例子。当一个键包含不同的属性时，它被称为重载键(Overloaded Key)。**学生成绩**属性有时可能包含实际成绩等级，如A、B或C。有时候，它可能包含通过(P)和不及格(F)。因此，这里的**学生成绩**就是一个重载属性，即有时包含学生的成绩，有时表示学生是否通过了课程。

让我们看看图21所示的模型。

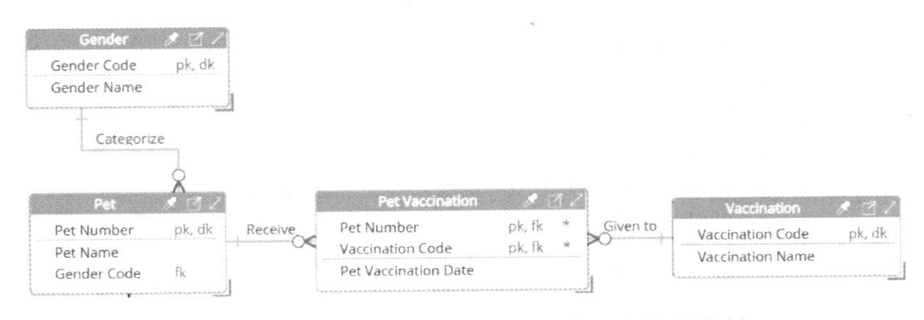

图21 多方实体包含指向一方实体的主键的外键

下面是模型中捕获的一些规则：

- 每个**性别**可以分类为许多**宠物**。
- 每只**宠物**必须归类为一个**性别**。
- 每只**宠物**可以接种多种**疫苗**。
- 每次**接种**可以给许多**宠物**接种疫苗。

关系中“一”方的实体称为父实体，“多”方的实体称为子实体。例如，在**性别**和**宠物**之间的关系中，**性别**是父实体，**宠物**是子实体。当我们从父实体创建到子实体的关系时，父实体的主键被复制为子实体的外键。您可以在**宠物**实体中看到有一个外键**性别代码**(Gender Code)。

外键(Foreign Key)是一个或多个属性，链接到另一个实体(在递归关系的情况下，其中同一实体的两个实例也可能相关，也就是说，以相同实体开始和结束的关系链接到同一个实体)。在物理层面上，外键允许关系型数据库管理系统从一个表导航到另一个表。例如，如果我们需要知道特定**宠物**的**性别**，使用**宠物**表中的外键性别代码(Gender Code)外键导航到**性别**表(Gender)即可。

模型的三个级别

传统上，数据建模是为关系型数据库管理系统(RDBMS)生成的一组结构。首先，我们构建概念数据模型(CDM)，更确切地说，应称为BTM(Business Terms Model，业务术语模型)来捕获项目的通用业务语言(例如，什么是客户?)。接下来，我们使用BTM的通用业务术语创建逻辑数据模型(LDM)，以精确定义业务需求(例如，我需要在这个报告上看到客户的姓名和地址。)。最后，在物理数据模型(PDM)中，我们专门为Oracle、Teradata或SQL Server等特定技术设计实现这些业务需求(例如，客户姓氏是一个可变长度不为空的字段，并且具有非唯一索引……)。我们的PDM表示的是具体应用程序的RDBMS设计。然后我们从PDM生成的数据定义语言(DDL)可以在RDBMS环境中运行，以创建存储应用程序数据的一组表。总结一下，我们从通用业务语言开始，到业务需求，再到设计，最后到表。

概念、逻辑和物理数据模型在过去50多年的应用程序开发中发挥了非常重要的作用，在未来50多年它们将继续发挥更重要的作用。

无论是技术、数据的复杂性还是需求的广度，总会存在通过一张图来展现业务语言(概念)、业务需求(逻辑)和设计(物理)的需求。然而，概念、逻辑和物理这些名称深深地留下了RDBMS的烙印。因此，我们需要更全面的名称来代表RDBMS和NoSQL的三个模型级别需求。

对齐=概念，细化=逻辑，设计=物理

使用对齐、细化和设计代替概念、逻辑和物理，有两个好处：更大的用途和更广的背景。

更大的用途意味着重塑为对齐、细化和设计后，名称中包含了该级别期望做的事情。**对齐**是就术语和一般项目范围达成一致，以便每个人都能对术语保持一致的理解。**细化**是收集业务需求，也就是说，细化了我们对项目的了解，以关注最重要的方面。**设计**是关注技术需求，也就是说，确保我们在模型上满足软件和硬件的独特需求。

更广的背景意味着不再局限于模型。当我们使用诸如**概念**之类的术语时，大多数项目团队只将模型视为交付成果，而没有认识到为产生模型而做的所有工作，或与之相关的其他交付成果，如定义、问题/疑问解决和血缘（血缘意味着数据来自何处）。对齐阶段包括概念（业务术语）模型，细化阶段包括逻辑模型，设计阶段包括物理模型。我们并没有丢弃以前那些模型术语。相反，我们将模型与其大致所处的阶段区分开来。例如，不说我们处于逻辑数据建模阶段，而是说我们处于细化阶段，逻辑数据模型只是交付成果之一。逻辑数据模型大致处于细化阶段中。

如果您正在与一群对概念、逻辑和物理这些传统名称不感兴趣的利益相关者合作，则可以将概念称为对齐模型、逻辑称为细化模型、物理称为设计模型。使用这些术语会对受众产生极大的正面影响。

概念是对齐、逻辑是细化、物理是设计。对齐、细化和设计——不仅容易记住，而且还押韵！

业务术语(对齐)

很多人会有这种感受，使用通用业务语言的人们使用着并不一致的术语集。例如，史蒂夫最近在一家大型保险公司主持了高级业务分析师和高级经理之间的讨论。

高级经理对高级业务分析师的应用程序开发延期表达了不满。“我们的团队正在与产品所有者和业务用户会面，以完成即将推出的报价分析应用程序中的报价用户故事。这时一位业务分析师提出了一个问题：报价是什么？会议的其余时间都浪费在试图回答这个问题上。为什么我们不能关注在报价分析要求上呢？我们原本就是为此而开会的。敏捷才是我们需要的！”

如果尝试澄清报价的含义花了很长时间进行讨论，那么这家公司很可能不太明确报价的含义。所有业务用户都可能会同意报价是保费的估计，但是在什么点上估算报价这个问题上可能存在分歧。例如，估计是否必须基于一定比例的事实才能被视为报价？

如果用户都不清楚报价的定义，那么报价分析程序怎么可能满足用户需求呢？设想一下以下问题的答案：

上个季度东北部地区发出了多少份人寿保险报价？

如果没有对报价达成共识和理解，某个用户可以根据他对报价的定义来回答这个问题，而另一个人也可以根据他对报价的不同定义来回答该问题。这些用户中至少有一个得出的是错误

答案。

史蒂夫与一所大学合作，其员工无法就学生的含义达成一致；与一家制造公司合作，其销售和会计部门在总资产回报率的含义上存在分歧；与一家金融公司合作，其分析师们在交易的含义上进行了激烈的争论——这都是我们需要克服的同一种挑战，不是吗？

因此我们要努力达成共同的业务语言。

共同的业务语言是任何项目成功的先决条件。我们可以收集和传达业务流程和需求背后的术语，使不同背景和角色的人能够相互理解和沟通。

概念数据模型（CDM），更确切地称为业务术语模型（BTM），是一种通过为特定项目提供精确、最小化和可视化的工具来简化信息场景的符号和文本语言。

上述定义囊括了对模型的要求，即范围明确、精确、最小化和可视化。要想了解最有效的可视化类型需要清楚模型的受众群体。

受众包括验证和使用模型的人员。验证是指告诉我们模型是否正确或需要调整。使用是指阅读并从模型中受益。建模范围包含一个具体项目，如应用开发项目或商务智能计划。

了解受众和范围可以帮助我们决定要对哪些术语建模，这些术语的含义是什么，术语之间的关系是什么，以及最有效的可视化类型。此外，了解范围可以确保我们不要好高骛远，不要企图对企业中的每一个可能的术语都进行建模。而是仅关注那些为当前的项目增加价值的术语。

尽管这个模型传统上被称为概念数据模型，但“概念”这个词对数据领域之外的人来说通常不是一个非常容易理解的术语。“概念”听起来就像是 IT 团队会想出来的一个术语。因此，我们更喜欢把“概念数据模型”称为“业务术语模型”，并将在后面使用这个术语。这个模型涉及业务术语，并且包含“业务”一词可以提高其作为面向业务交付成果的重要性，也与数据治理保持一致。

业务术语模型通常非常适合画在一张纸上——注意不是绘图仪上面的大纸！将 BTM 限制在一页非常重要，只有这样才能鼓励我们只选择那些关键术语。我们可以在一页纸上装下 20 个术语，但绝对无法装下 500 个术语。

BTM 范围明确、精确、最小且可视化，可以提供一种通用的业务语言。因此，可以收集和表达复杂和全面的业务流程及需求，使不同背景和角色的人能够参与最初的讨论和术语辩论，并最终使用这些术语进行有效沟通。

随着越来越多的数据被创建和使用，以及激烈的竞争、严格的法规和快速传播的社交媒体，财务、责任和信誉的风险从未如此之高。因此，通用的业务语言需求从未如此强烈。例如，图 22 所示为宠物之家涉及的业务术语模型。

模型中的每个实体都有一个精确清晰的定义。例如，宠物(Pet)可能有在维基百科中出现的类似定义：

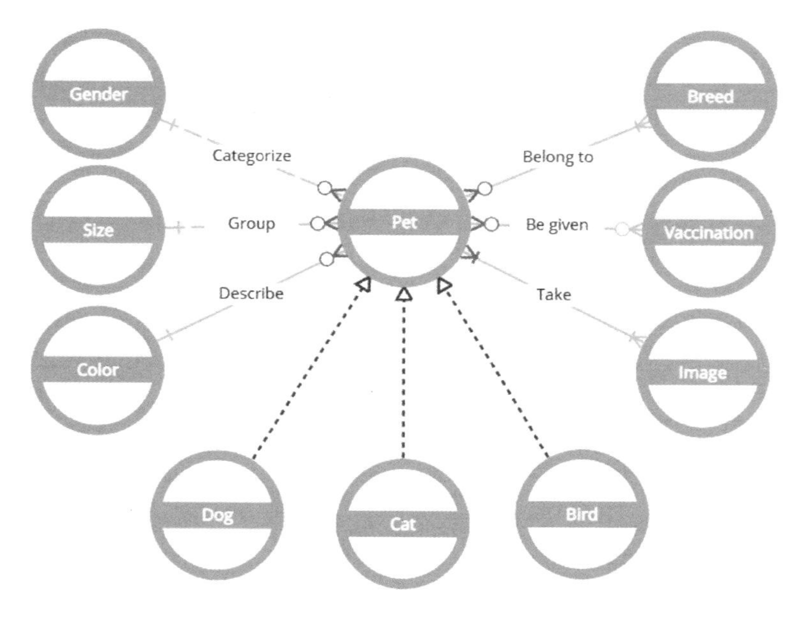

图 22　宠物之家涉及的业务术语模型

宠物或称为伴侣动物，是为了陪伴人或娱乐而饲养的动物，而非工作动物、肉食动物或实验动物。

更有可能的是，定义中会有一些针对数据模型特定读者或针对特定项目的更多说明，比如：

宠物是通过了所有收养所需审查的狗、猫或鸟。例如，如果斯帕基通过了所有身体和行为检查，我们会认为斯帕基是一只宠物。但是，如果斯帕基至少还有一项检查未通过，我们将把斯帕基标记为以后会重新评估的动物。

- 每个宠物可以是狗、猫或鸟。

- 狗是一种宠物。
- 猫是一种宠物。
- 鸟是一种宠物。
- 每个性别可以分类许多宠物。
- 每只宠物必须被分类到一个性别。
- 每个尺寸可以分组许多宠物。
- 每只宠物必须被分组到一个尺寸。
- 每种颜色可以描述许多宠物。
- 每只宠物必须被描述为一种颜色。
- 每只宠物必须属于某些品种。
- 每个品种可以有许多宠物。
- 每只宠物可以接种许多疫苗。
- 每只宠物必须拍摄许多照片。
- 每张照片必须拍摄许多宠物。

逻辑（细化）

逻辑数据模型（LDM，简称逻辑模型）是对业务问题的业务解决方案。它是建模人员在不用考虑技术实现（例如软件和硬件的复杂情况下）细化业务需求的方式。

例如，在 BTM 上收集新订单应用程序的通用业务语言之后，LDM 将通过增加更详细的关系和实体属性来细化此模型，并收集该订单应用程序的需求。BTM 包含订单和客户的定义，而 LDM 包含交付需求所需的订单和客户属性。

回到宠物之家示例，图 23 所示为宠物之家逻辑数据模型的一个子集。

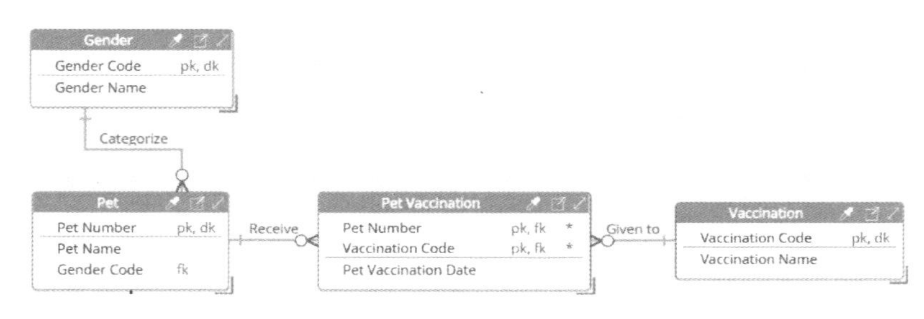

图 23 宠物之家逻辑数据模型的一个子集

宠物之家应用程序的需求出现在这个模型上。该模型显示了向业务交付解决方案所需的属性和关系。例如，在宠物(Pet)实体中，每个宠物包括宠物编号(Pet Number)标识及其名称(Pet Name)和性别(Gender)描述。性别和疫苗接种是定义好的列表值。我们还发现识别出的某只宠物性别是固定值，但识别出的疫苗接种可以是任意数值(包括 0)。

请注意，在关系型数据库的上下文中，LDM 遵循规范化规则。因此，在上述图中，存在一个关联实体，也称为“连接表”，这是为多对多关系的物理实现做准备的。

由于 Elasticsearch 允许嵌入和非规范化，通常不需要这些“连接表”，而选择一个更简单的视图表达同样的业务规则。可以遵循后面讨论的**领域驱动设计理念**中的“聚合”概念，并利用逆规范化，将属于一组的内容保存在一起，如图 24 所示。

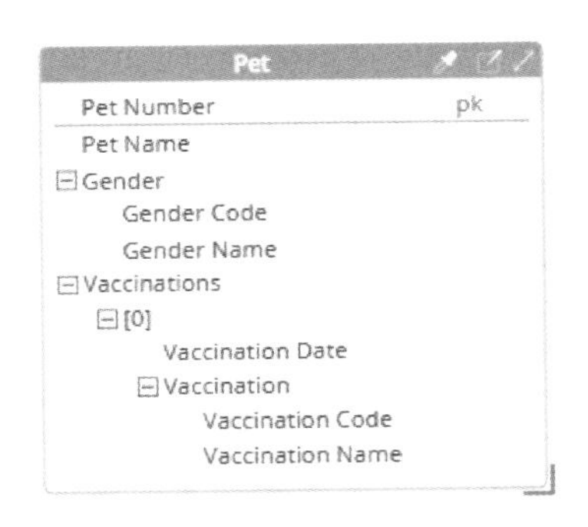

图 24 这种非规范化表示可以很容易地生成规范化的物理数据模型，相反在更复杂的配置中不一定如此

重要的是，通过记录查询频率、结果延迟、数据量和数据速度、数据保留等需求的收集，来识别、量化和限定工作负载。这些内容将在“细化”一章中有更详细的讨论。

领域驱动设计

这一节简要介绍一下软件开发中使用的一种非常流行且实用的方法论：领域驱动设计（Domain-Driven Design，简称 DDD）。其原则在 NoSQL 的数据建模背景下具有一定的相关性。

Eric Evans 是《领域驱动设计：软件核心复杂性应对之道》一书的作者，该书被认为是领域驱动设计最有影响力的著作之一。其原则包括：

- **无处不在的语言**：建立项目所有利益相关者使用的通用语言，并反映与业务相关的概念和术语。
- **限界上下文**：通过将其分解成较小、更可管理的碎片来管理系统的复杂性。这是通过围绕软件系统的每个特定域定义边界来完成的。每个限界上下文都有适合该上下文自己的模型和语言。

- **领域模型**：使用领域的业务术语模型，该模型表示领域的重要实体、它们之间的关系以及领域的行为。
- **上下文映射**：定义和管理不同限界上下文之间的交互和关系。上下文映射有助于确保不同的模型之间一致，并确保团队之间的沟通有效。
- **聚合**：识别相关对象簇，并将它们每个都视为一个变更单元。聚合有助于在领域内强制执行保持一致性和完整性。
- **持续细化**：随着发现新的见解和需求而不断细化，领域建模是个迭代过程。领域模型应该基于利益相关者和用户的反馈随时间而进化和改进。

这些原则凭其常识性和实用性而受到广泛关注。尤其是一些微妙的细节值得注意。例如，BTM 有助于建立业务和技术的通用词汇，而 DDD 进一步要求开发人员在代码、集合/表和字段/列的命名中使用这种语言。

一些传统的数据建模人员对 DDD(以及敏捷开发)表达了保留意见。当然，对于每种方法论和技术都有误解和误导的例子。但是，如果方法和经验运用得当，DDD 和敏捷开发可以取得巨大成功。我们认为可以将 DDD 的原则直接适用于数据建模，以进一步增强其相关性，而不是将其视为相反的方法。

在 NoSQL 数据库和现代架构模式技术栈(包括事件驱动和微

服务）的背景下，DDD尤其相关。具体来说，DDD的“聚合”概念与JSON文档具有嵌套对象及非规范化层次结构相当匹配。而且，严格定义的逻辑数据模型要遵循很多与技术无关的规范化要求，显得限制过多。Hackolade已经扩展了模型与技术无关的功能，允许复杂数据类型进行嵌套和非规范化，以支持适应NoSQL的结构。

物理（设计）

物理数据模型（PDM，简称物理模型）是为适应特定软件或硬件要求定制的逻辑数据模型。BTM收集我们的通用业务词汇，LDM收集我们的业务需求，PDM收集我们的技术需求。也就是说，PDM是一个适合当前技术要求且结构良好的业务需求数据模型。这里的“物理”表示技术设计。

在构建PDM时，处理的是与特定硬件或软件相关的问题，例如，如何设计最佳的结构以实现：

- 尽可能快地处理运营数据？
- 保护信息的安全性？
- 在亚秒级时间内响应回答业务请求？

图25所示为宠物之家关系型版本的物理数据模型，图26所示为宠物之家嵌套版本的部分物理数据模型。

物理数据模型可认为是向适应特定技术妥协的逻辑数据模型。例如，如果在Oracle等RDBMS中实现该模型，可能需要采用非规范化的手段，组合某些结构以提升检索性能。

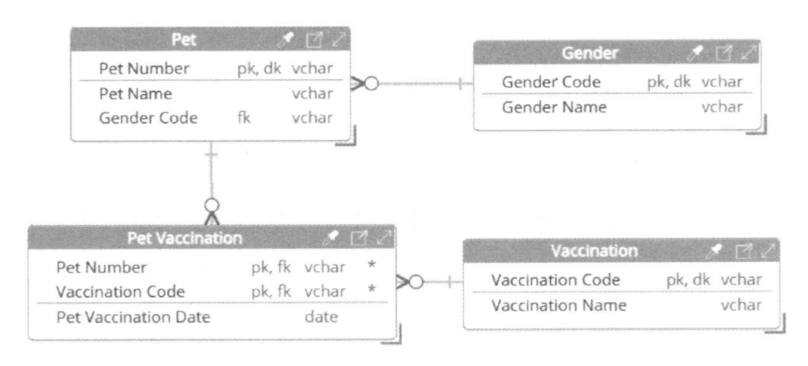

图 25　宠物之家关系型版本的物理数据模型

Pet		
Pet Number	pk	oId
Pet Name		str
⊟Gender		doc
Gender Code		str
Gender Name		str
⊟Vaccinations		arr
⊟[0]		doc
Vaccination Date		str
⊟Vaccination		doc
Vaccination Code		str
Vaccination Name		str

图 26　宠物之家嵌套版本的部分物理数据模型

图 25 是一个规范化的 RDBMS 模型，图 26 显示了利用 Elasticsearch 文档的某种非规范化设计模型。文档中联系密切的信息通过子对象的嵌套保存在一起。宠物疫苗接种表(Pet Vaccination)这个关系联接表由存储多个疫苗接种信息的数组代替，这样可以存储多次疫苗接种信息(Vaccination)。这种聚合方法支持每个文档

原子单元的引用完整性。基于应用程序的访问需要，这种嵌套模式不会妨碍疫苗信息表(Vaccination)的继续存在，但请注意，需要同步这些非规范化数据以确保一致性。

模型的三个视角

关系型数据库(RDBMS)和NoSQL是两个主要的建模视角。在RDBMS内，又分为关系和维度两个视角。而NoSQL主要面向查询。因此，总结下来建模的三个视角是关系、维度和查询。

表3对比了关系、维度和查询三个视角。在本节中，将针对每个视角进行更深入详细的讨论。

表3 关系、维度和查询的比较

因素	关系	维度	查询
优势	通过集合精确表示数据	精确表示数据如何用于分析	精确表示如何接收和访问数据
重点	精确表示如何接收和访问数据	分析业务流程的业务问题	提供业务流程洞察的访问路径
用例	运营(OLTP)	分析(OLAP)	发现
父视角	RDBMS	RDBMS	NoSQL
例子	客户必须拥有至少一个账户	通过日期、区域和产品产生了多少收入？也想按月和年查看	哪些客户的支票账户今年产生了超过10000美元的费用，该客户还拥有至少一只猫，并住在纽约市500英里范围内

RDBMS 是根据特德·科德(Ted Codd)于 1969 年至 1974 年间发表的开创性论文中的思想来存储数据的。在按照 Codd 的想法实现的 RDBMS 中，物理层面的实体是其中包含属性的表。每个表都有一个主键和外键约束来强制执行表之间的关系。RDBMS 存在了这么多年，主要就是因为它能够通过执行规则来维护高质量数据，从而保持数据完整性的能力。其次，RDBMS 通过高效使用 CPU，在存储数据、减少冗余和节省存储空间方面非常高效。在过去的十几年中，随着磁盘变得更便宜，CPU 利用性能却没有提高，节省空间的好处已经减弱。这两种因素现在都有利于 NoSQL 数据库的发展。

NoSQL 的意思是“非关系数据库(NoRDBMS)”。NoSQL 数据库与 RDBMS 以不同的方式存储数据。RDBMS 以表(集合)的形式存储数据，主键和外键用于维护数据完整性和表间导航。NoSQL 数据库不以集合的形式存储数据。例如，MongoDB 以 BSON 格式存储数据。其他 NoSQL 解决方案可能以资源描述框架(RDF)三元组、可扩展标记语言(XML)或 JavaScript 对象表示法(JSON)存储数据。

关系、维度和查询可以在所有三个模型级别存在，见表 4，这为我们提供了九种不同类型的模型。在前一节中讨论了对齐、细化和设计的三个层次。首先对齐通用业务语言，然后细化业务需求，最后设计数据库。例如，如果我们正在为保险公司建模新的理赔申请，可能会创建一个关系模型来收集理赔流程中的业务规则。过程中，BTM 用于收集理赔业务词汇，LDM 用于收集理赔业务详细需求，PDM 用于理赔数据库设计。

表 4　九种不同类型的模型

	关　系	维　度	NoSQL
业务术语(对齐)	术语和规则	术语和路径	术语和查询
逻辑(细化)	集合	度量和上下文	按层级查询
物理(设计)	折衷集合	星形模式或雪花模式	增强的层次结构查询

关系型

当需要收集和执行业务规则时，关系模型效果最好。关系模型的主要场景技术是需要执行许多业务规则的运营应用程序。例如，订单应用程序要确保每个订单项都属于某个订单，并且每个订单项由其订单号加顺序号标识，那么应用关系模型可能是非常理想的。关系视角侧重于业务规则。

我们可以在业务术语、逻辑和物理三个层面建立关系。关系业务术语模型包含特定项目的通用业务语言，收集这些术语之间的业务规则。关系逻辑数据模型包括实体及其定义、关系和属性。关系物理数据模型包括表、列和约束等物理结构。之前共享的业务术语、逻辑和物理数据模型都是关系的示例，如图 27、图 28 和图 29 所示。

图 30 所示为关系视角的另一个 BTM 示例。

关系视角会收集如下信息：

- 每个客户可以拥有多个账户。

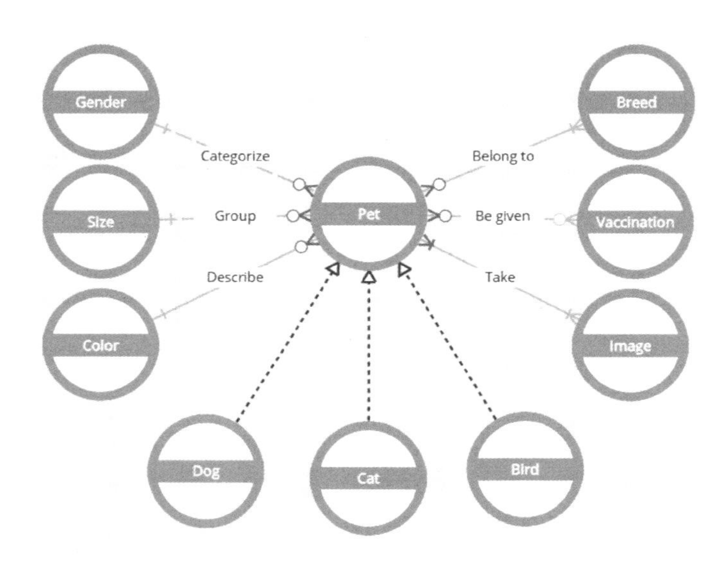

图 27　关系视角的 BTM

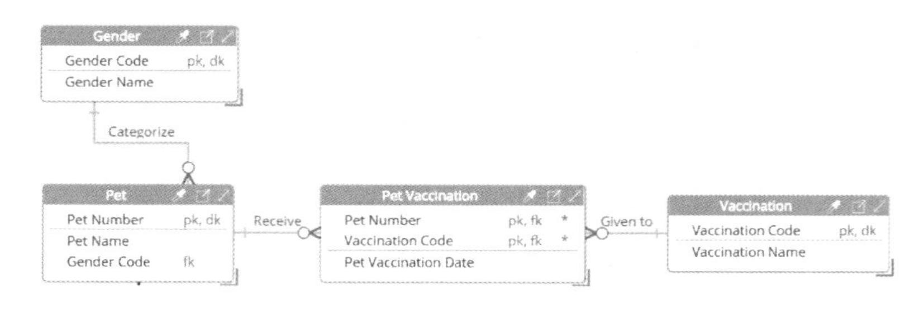

图 28　关系视角的 LDM

- 每个客户可以拥有多个账户。
- 每个账户可以由多个客户拥有。
- 每个账户余额必须属于一个账户。

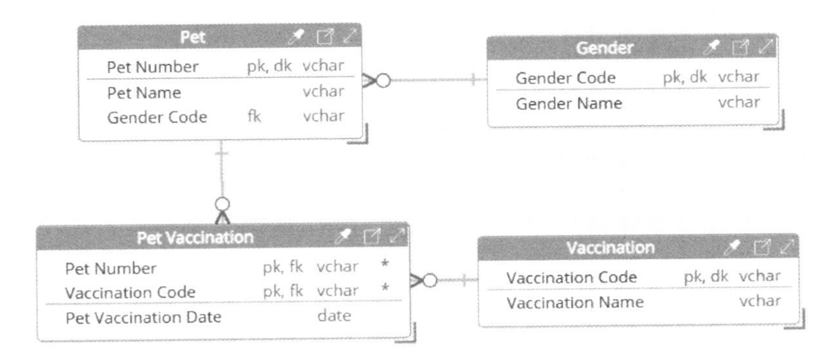

图 29　关系视角的 PDM

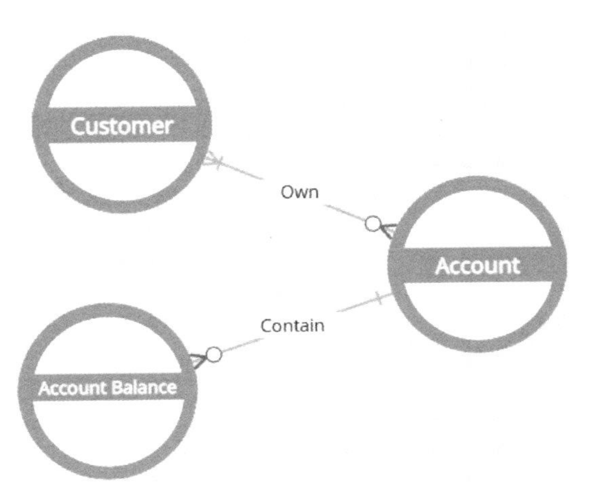

图 30　关系视角的另一个 BTM 示例

在与项目发起人的一次会议上，我们编写了以下定义：

客户	客户是与我们银行开立一个或多个账户的个人或组织。如果一个家庭的每个成员都有自己的账户，则每个家庭成员都被视为不同的客户。如果有人开户后关闭了账户，他们仍然被视为客户。
账户	账户是我们银行代表客户持有资金的合同安排。
账户余额	账户余额是客户在我们银行特定账户中在给定时间段结束时的资金数额的财务记录，如某人某月的支票账户余额。

对于关系视角的逻辑数据模型，我们使用一组称为规范化(Normalization)的规则向实体(集合)分配属性。

尽管规范化在数学(集合论和谓词演算)上有理论基础，但我们更把它视为设计灵活结构的一种技巧。更具体地说，我们将规范化定义为一个提出业务问题、增加建模人员对业务知识了解的过程，并能够构建支持高质量数据的灵活结构。

业务问题围绕不同规范级别来组织，包括第一范式(1NF)、第二范式(2NF)和第三范式(3NF)。肯特(William Kent)巧妙地总结了这三个级别：

> 每个属性都取决于键、整个键，并且和除键之外的任何内容无关。

“每个属性都依赖于键”是1NF，“整个键”是2NF，“除键之外的任何内容无关”是3NF。请注意，更高级别的规范化包括了较低级别的规范化，因此2NF包括1NF，3NF包括2NF和1NF。

为确保每个属性都依赖于键(1NF)，需要确保对于给定的主键值，从每个属性中最多只获取一个值。例如，分配给**图书**实体(Book)的**作者名称**(**Author Name**)属性就违反1NF，因为对于给定的图书(如本书)，可以有多个作者。因此，**作者名称**不属于**图**

书这个实体，需要把它移动到其他不同的实体中。最有可能，将**作者名称**(**Author Name**)分配给**作者**实体(**Author**)，并且**图书**和**作者**两个实体之间存在一种关系，说明每本**图书**可以由多个**作者**编写。

为确保每个属性都依赖于整个键(2NF)，需要确保我们有最小的主键。例如，如果**图书**的主键是 **ISBN** 和**书名**，我们很容易看出**书名**在主键中其实是没必要的。像**书价**这样的属性都是直接依赖于 **ISBN** 的，因此在主键中包括**书名**没有任何意义。

为确保没有隐藏的依赖关系(除键之外的任何内容无关，这是 3NF)，需要确保每个属性直接依赖于主键，并且没有其他依赖。例如，**订单总金额**属性不直接依赖于**订单**的主键(一般来说是订单号)。相反，**订单总金额**取决于**列表价格**和**项目数量**，这些信息可以派生出**订单总金额**。

史蒂夫·霍伯曼的《让数据建模更简单》(*Data Modeling Made Simple*)一书更详细地讨论了每种规范化级别，包括高于 3NF 的级别，要意识到规范化的主要目的是正确地把属性分配到合适的集合中。另外请注意，规范化模型是根据数据的属性构建的，而不是根据数据的使用方式构建的。

维度模型是为了轻松回答特定业务问题而构建的，NoSQL 模型是为了轻松回答查询和识别模式而构建的。关系模型是唯一一个关注数据的内在属性而不是用法的模型。

维度

维度数据模型的目标是收集业务流程背后的业务问题。问题的答案是各种指标，例如总销售额和客户数量等。

维度模型的唯一目的是允许有效且用户友好地对度量值进行过滤、排序和求和等操作，也就是分析型应用程序。维度模型上的关系表示导航路径，而不是如关系模型上的业务规则。维度模型的范围是一组相关的度量加上下文，这些度量和上下文一起解决某些业务流程。通常根据对业务流程中业务问题的评估来构建维度模型，具体做法是将业务问题解析为度量，并基于这些度量的查询方式来创建模型。

例如，假设我们在银行工作，希望更好地了解手续费收取情况。在这种情况下，我们可能会问这样的业务问题："按**账户类型**（如支票或储蓄）、**月份**、**客户类别**（如个人或公司）和**分行**分组统计收到的手续费总额是多少？"在图 31 所示的模型中，不仅

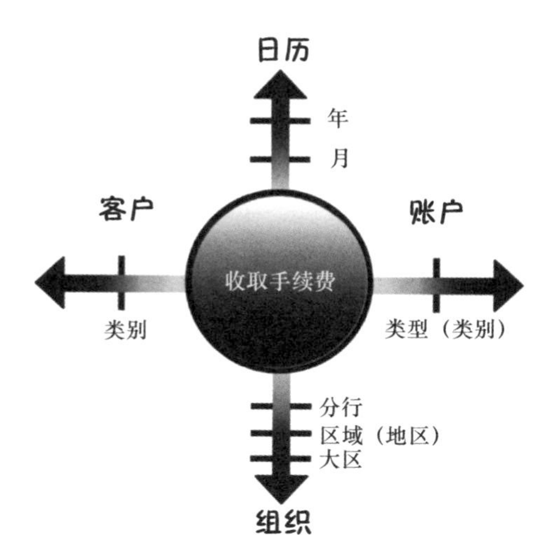

图 31 银行的维度视角 BTM（业务术语模型）

可以在**月**度级别，而且可以在**年**度级别查看费用；不仅可以在**分行**级别，而且可以在地**区域**和**大区**级别查看费用。

术语定义：

收取手续费	收取手续费是在业务流程中，向客户收取费用以获得进行账户交易的权利，或根据时间间隔收取费用(如每月余额较低的支票账户会收取账户费用)。
分行	分行是一处开放营业的物理位置。客户访问分行进行交易。
地区	地区是银行将一个国家划分为较小区域的内部定义，用于设置分行或报告等目的。
大区	大区是用于组织分配或报告目的的地区分组。大区通常会跨国界线，例如北美区和欧洲区。
客户类别	客户类别是为报告或组织目的对一个或多个客户进行的分组。客户类别的示例包括个人、公司和联名。
账户类型	账户类型是为报告或组织目的对一个或多个账户进行的分组。账户类型的示例包括支票账户、储蓄账户和经纪账户。
年	年是一个时间段，包含 365 天，与公历一致。
月	月是一年被划分成的 12 个时间段中的一个。

诸如年和月等通常理解的术语是经常遇到的，因此编写定义可以少花些时间。但请确保这些定义确实是大家惯常理解的术语，因为有时候即使是年也可以有多重含义，比如是指财年还是标准日历年。

收取手续费是计量器一个例子。计量器代表我们需要测量的业务流程。计量器对维度模型如此重要，以至于计量器的名称通常即是应用程序的名称：销售计量器就是销售分析应用程序。**大区**、**地区**和**分行**代表我们可以在组织维度内导航的细节级别。维度是一个主题，其目的是为度量添加含义。例如，**年**和**月**代表我们可以在日历维度内导航到的细节级别。所以这个模型包含四个维度：**组织**、**日历**、**客户**和**账户**。

假设某个组织构建了一个分析应用程序来回答有关业务流程执行情况的问题，例如销售分析应用程序。在这种情况下，业务问题变得非常重要，有必要构建一个维度数据模型。维度视角侧重于业务问题。我们可以在业务术语、逻辑和物理三个级别分别构建维度数据模型。图 31 所示为业务术语模型，图 32 所示为逻辑数据模型，图 33 所示为物理数据模型。

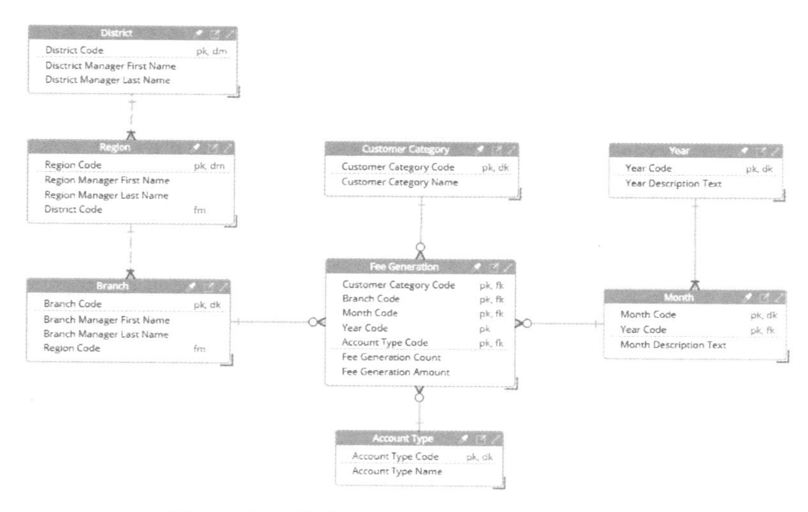

图 32 银行的维度视角 LDM(逻辑数据模型)

查询

假设某个组织构建一个应用程序希望借此来发现有关业务流

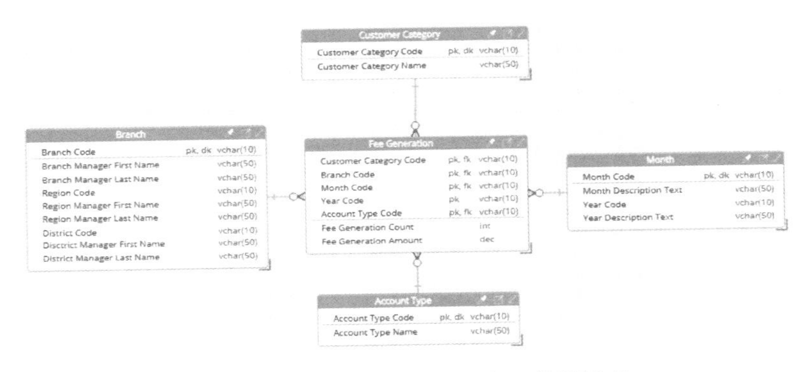

图 33 银行的维度视角 PDM(物理数据模型)

程的一些洞察，例如欺诈检测应用程序。在这种情况下，查询变得非常重要，因此构建查询视角的数据模型非常必要。

我们可以在业务术语、逻辑和物理三个层次构建查询数据模型。图 34 所示为查询视角的业务术语模型，图 35 和图 36 所示为查询视角的逻辑数据模型，图 37 所示为查询视角的物理数据模型。

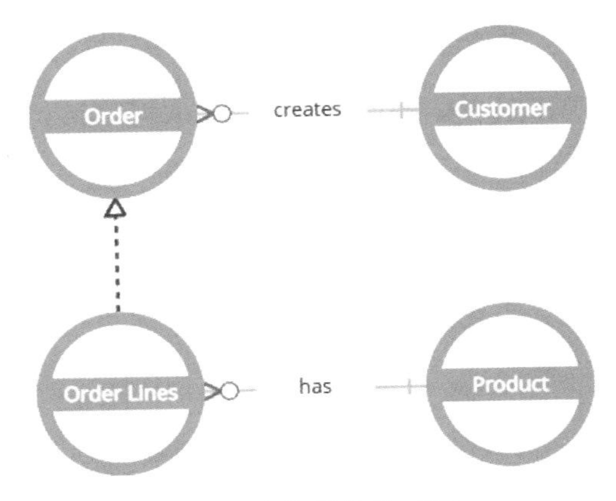

图 34 查询视角的 BTM

查询视角的 BTM 看起来与其他视角 BTM 没有什么不同，因为词汇和范围与物理数据库实现无关。事实上，如果我们觉得这会增加价值，甚至可以为查询视角 BTM 中的每个关系询问参与类和存在类在问题。在上面的例子中：

- 客户创建订单。
- 一个订单由多个订单项组成。
- 每个订单项有一个产品。

上面这些问题可以切换到不同实体的属性上。

然而，访问模式和工作负载分析决定了最终的逻辑模型。根据客户和产品的维护屏幕是否有查询，可以选择具有严格嵌入的逻辑数据模型(见图 35)，也可以选择图 36 中的模型。

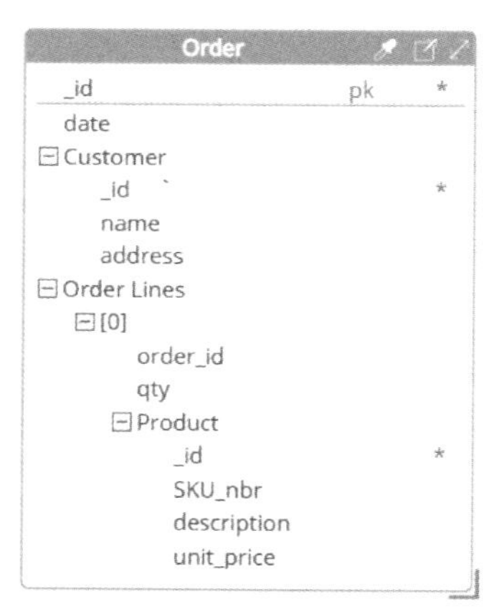

图 35　严格嵌入的 LDM

第一个逻辑数据模型可以生成 Elasticsearch 中的单一集合，而当将其实例化为关系数据库的物理模型时，将自动规范化为三个表。

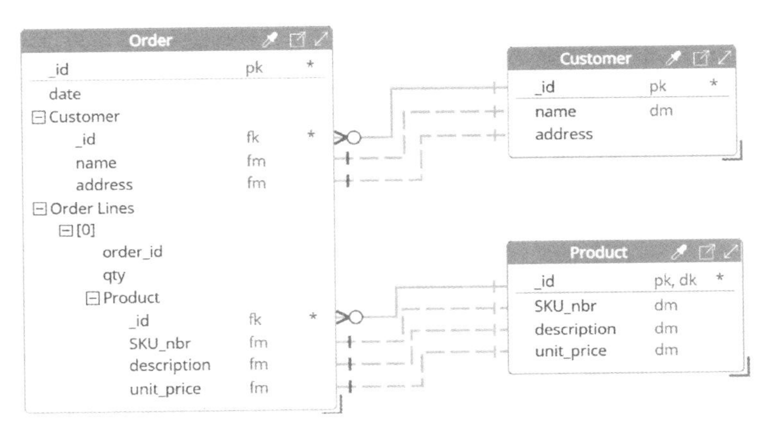

图 36　查询视角的 LDM

第二个逻辑数据模型可以导出为 Elasticsearch 的三个集合来适应客户和产品的维护，但保持订单表作为聚合组合的嵌入和引用模型设计模式。

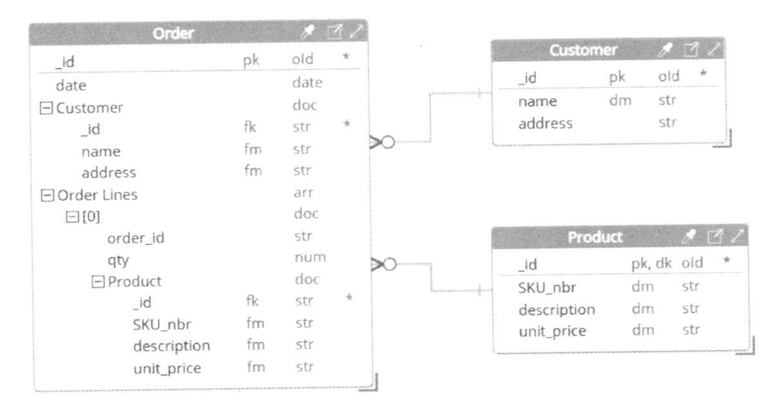

图 37　查询视角的 PDM

在上述模型中，我们展示了嵌套、逆规范化和引用。嵌套允许信息以使人们易于理解的结构聚合在一的，从而理解更方便。通过逆规范化可以实现在一次订单查找中获取所有必要信息，即使在客户和产品主数据中存在重复，也无须执行昂贵的连接操作。无论如何，查看订单、查看和更新客户及产品信息的访问是必要的。因此，保留客户和产品主数据集合。在订单集合中，保留对这些主数据文档的引用。由于数据库引擎中没有跨文档引用完整性，因此维护同步的责任转移到应用程序或离线流程中(如 Logstash 管道)。

最后一点，不更新这些逆规范化信息还有以下一个很好的理由。例如，已经完成订单的送货地址不应该因为客户搬到新地址而更新。只有待定订单才应该更新。逆规范化有时比级联更新更精确。

第1章 对齐

本章将介绍数据建模方法的对齐阶段，解释调整业务词汇的

目的，介绍宠物之家案例，然后逐步完成对齐阶段的工作。本章结尾给出三个贴士和三个要点。

目标

对齐阶段旨在为特定项目在业务术语模型中收集通用业务词汇。

对于 NoSQL 模型，您可能会使用不同的名字来表达业务术语模型（Business Terms Model，BTM），例如查询对齐模型（Query Alignment Model）。我也喜欢这个的名称，它更加具体地说明了 NoSQL BTM 的目的，我们的目标就是对查询建模。

宠物之家

一个在网站上宣传宠物领养的小动物收容所——宠物之家需要我们的帮助。他们现在使用 Microsoft Access（MS Access）关系型数据库来保存小动物的数据，并每周在网站上发布这些数据。请参阅图 38 所示来了解他们当前的流程。

在小动物通过一系列检测并被认定适合领养后，会为每只动物创建一条 MS Access 记录。小动物一旦做好领养准备，就称为宠物。

每周一次，宠物记录会在宠物之家的网站上更新。包括新增宠物和已被收养的宠物信息，已被收养的宠物信息会删除。

图 38 宠物之家当前的业务架构

由于知道这个宠物之家的人不多，因此小动物在收容所的驻留时间往往比全国平均水平要长得多。因此，他们希望与其他宠物之家合作，形成一个联盟，所有宠物之家的宠物信息都将出现在一个更受欢迎的网站上。我们的宠物之家需要从当前的 MS Access 数据库中提取数据，并迁移到 Elasticsearch。利用内置 ODBC 驱动程序 UCanAccess，我们可以把数据从 MS Access 迁移到 Elasticsearch 索引上，利用数据处理管道 Logstash 可以将多个来源的数据抽取到 Elasticsearch 中。Elasticsearch 作为后端，使用 Search UI 作为前端，Search UI 是一个基于 Web 的搜索引擎，内置连接器连接到 Elasticsearch。

现在让我们看看宠物之家当前的模型。图 39 所示为用来收集该项目通用业务语言的业务术语模型(BTM)。

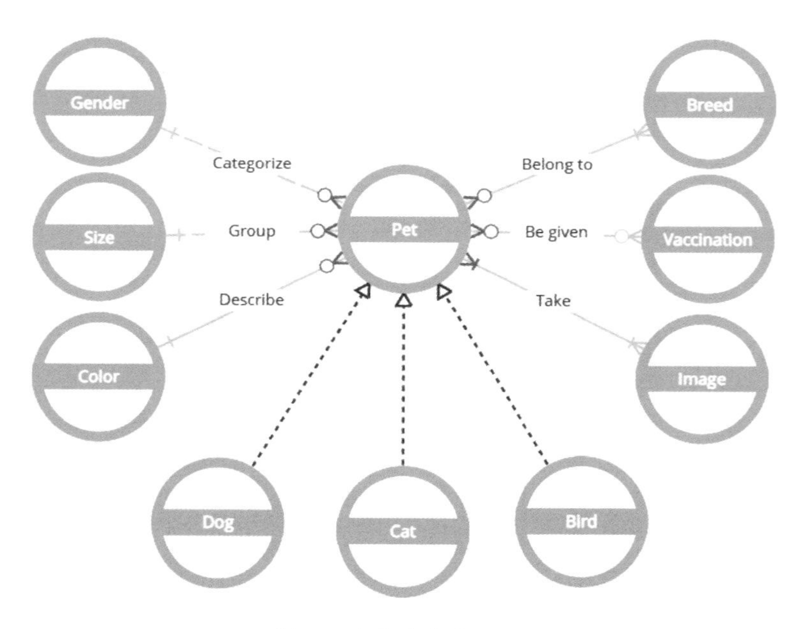

图 39　宠物之家的 BTM

除了此图之外，BTM 还包含每个术语的精确定义，例如本章前面提到的宠物定义：

宠物是所有通过了宠物之家收养所需审查的狗、猫或鸟。例如，如果斯帕基通过了所有身体和行为检查，我们会认为斯帕基是一只宠物。但是，如果斯帕基至少还有一项检查未通过，我们将把斯帕基标记为后续会重新评估的动物。

宠物之家非常了解自己的业务，并且建立了相当可靠的模型。回想一下，数据将由内置 ODBC 驱动器迁移至 Elasticsearch，然后通过 Search UI 显示和查询。下面我们利用 Elasticsearch Index 全面学习对齐、细化和设计的方法。

方法

对齐阶段旨在开发出项目的通用业务词汇。开发步骤如图 40 所示。

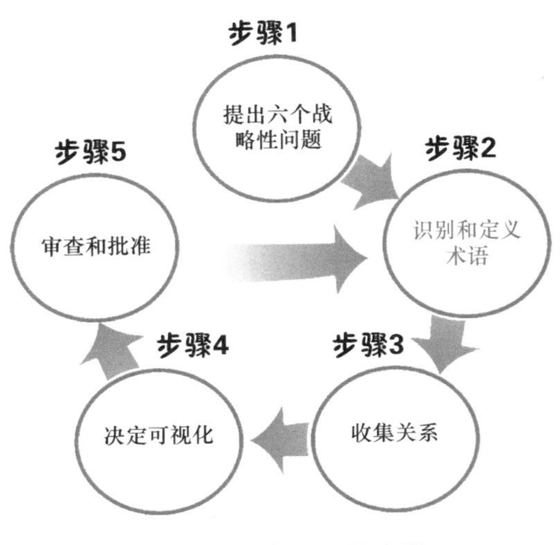

图 40　创建 BTM 的步骤

在开始任何项目之前，我们必须提出六个战略性问题(第 1 步)。这些问题是任何项目成功的先决条件，它们可以确保我们为 BTM 选择正确的术语。接下来，识别项目范围内的所有术语(第 2 步)。确保每个术语都定义清晰完整。然后确定这些术语之间的关系(第 3 步)。通常，在这一点上您需要返回第 2 步，因为在收集关系时，您可能会想到新的术语。接下来，确定对受众最有利的可视化效果(第 4 步)。要重点考虑与需要查看和使用 BTM 的人最相关的视觉效果。最后一步，让 BTM 获得批准(第 5 步)。通常在这一步，模型会有额外更改，我们会循环这些步骤直到模型被接受。

让我们按照这五个步骤构建一个 BTM。

第 1 步：提出六个战略性问题

提出六个战略性问题以确保获得有价值的 BTM，这些问题如图 41 所示。

1) **我们的项目是什么？** 这个问题可以确保我们对项目有足够的了解，以确定项目范围。了解范围使我们能够决定哪些术语应出现在项目的 BTM 上。艾瑞克·伊文思(Eric Evans)在他的《领域驱动设计》一书中提出了“限界上下文”的概念，就是关于理解和定义范围的。例如，动物、宠物之家员工和宠物食品等概念不在项目范围内。

2) **灵活性还是简单性？** 这个问题可以确保我们只在需要灵活性的情况下才引入通用术语。通用术语可以包容目前还不知道的新类型术语，还可以让我们更好地将类似的术语分组。例如，**人员**(Person)具有灵活性，而**雇员**(Employee)具有简单性。**人员**可以包含我们还没有考虑过的其他术语，如**领养人**、**兽医**、**志愿者**等。但是，与**雇员**相比，人员这个概念可能更让人难以理解。通常使用**雇员**等业务特定概念来描述我们的流程。

图41　确保模型成功的六个战略性问题

3)**现在还是以后**？这个问题可以确保我们为BTM选择正确的时间视角。BTM在一个时间点收集通用业务语言。如果我们打算收集今天的业务流程如何工作或分析，那么需要确保概念及其定义和关系反映当前的视角(现在)。如果我们打算收集未来某个时间(比如一年或三年后)的业务流程，应该如何工作或分析，那么需要确保概念及其定义和关系能够反映未来的视角（将来）。

4）**正向工程还是逆向工程**？这个问题可以确保我们为 BTM 选择最合适的“语言”。如果是业务需求驱动型项目，那么属于正向工程工作，应选择业务语言。无论组织准备使用 SAP 或 Siebel，BTM 都将包含业务术语。如果是应用程序推动型项目，那么这属于逆向工程，应选择应用程序语言。如果应用程序使用对象（Object）来表示某个产品（Product），这个产品将在模型上显示为 Object，并根据应用程序的方式对该术语进行定义，而不是根据业务方式的术语定义。作为逆向工程的另一个示例，您的起点可能是某种物理数据结构，例如数据库、XML 或 JSON 文档。例如，以下 JSON 代码段可能会揭示收容所志愿者这个业务术语的重要信息：

```
{
  "name": "John Smith",
  "age": 35,
  "address": {
    "street": "123 Main St",
    "city": "Anytown",
    "state": "CA",
    "zip": "12345"
  }
}
```

5）**运营、分析还是查询**？这个问题可以确保我们选择正确类型的 BTM——关系、维度或查询。每个项目都需要相应的 BTM。

6）**受众是谁**？我们需要知道谁来审查我们的模型（验证人）以及谁来使用我们的模型（用户）。

1. 我们的项目是什么？

玛丽是宠物之家负责入驻的志愿者。入驻是接收动物并完成准备工作等待领养的过程。她已经当了十多年的志愿者，是建立原始 MS Access 数据库的主要业务人员。

她对这个新项目非常热心，认为这样可以让小动物以更短的时间被领养。我们可以从采访玛丽开始，其目标是对项目有一个清晰的理解，包括范围：

你：谢谢你抽出时间与我见面。这只是我们的第一次会议，我不想占用你太多的时间，所以让我们直接进入采访的目的，然后是一些问题。如果越早确定范围，然后定义范围内的术语，项目成功的机会就越大。你能否与我分享更多关于这个项目的信息吗？

玛丽：当然！我们项目的主要驱动力就是让宠物们尽快被领养。如今，宠物们平均被领养周期需要两个星期。我们和其他本地的小型收容所想将这个时间缩短到平均5天，甚至更少，希望如此。我们要将宠物数据发送给各地宠物之家组成的联盟，以汇总所有的列表并触及更广泛的领养者。

你：你所说的是我们这里有所有类型的宠物，还是只有狗和猫呢？

玛丽：我不确定除狗和猫外，其他宠物之家有什么样的宠物，但我们也有鸟等待领养。

你：好的，有没有需要从这个项目中排除的宠物？

玛丽：嗯，一只动物需要几天时间进行评估才能被视为符合领养条件。我们会进行一些检查，有时还要做手术。当一只动物完成了这些过程并准备好被领养时，我喜欢使用宠物这个词。所以我们确实有一些还不是宠物的动物。在这个项目中只包含宠物。

你：明白了。当有人想要寻找一个宠物时，他们会怎么筛选呢？

玛丽：我和其他宠物之家的志愿者交谈过。大家认为首先要按宠物类型(如狗、猫或鸟) 筛选，然后要按品种、性别、颜色和体型筛选。

你：当查看筛选器选择返回的宠物描述时，人们会期望看到什么样的信息？

玛丽：大量的照片图像，一个可爱的名字，可能还有宠物颜色或品种的信息，诸如此类的信息。

你：有道理。人呢？这个方案中人重要吗？

玛丽：什么意思？

你：嗯，弃养宠物的人和领养宠物的人。

玛丽：哦，对。我们会跟踪这些信息。顺便说一句，我们把送来动物的人称为弃养者(Surrenderers)，领养宠物的人称为领养者(Adopters)。我们不会向联盟发送任何个人详细信息。我们认为这些信息和本项目不相关，也不想因隐私问题而被起诉。不然的话，虽然斑点狗不会起诉我们，但弃养者鲍勃可能会。

你：我理解了。嗯，我想我理解这个项目的范围了，谢谢你。

我们现在对项目的范围有了很好的理解。它包括所有宠物（不是所有动物），但不包括人。随着术语的细化，我们可能会围绕方案范围向玛丽提出更多问题。

2. 灵活性还是简单性？

让我们继续采访回答接下来的问题。

你：灵活性还是简单性？

玛丽：我不明白这个问题。

你：我们需要确定是使用通用术语还是使用更具体的术语。使用通用术语，如使用哺乳动物而不是狗或猫，可以让我们包括暂时没有的宠物，比如其他种类的哺乳动物，如猴子或鲸鱼。

玛丽：这个月我们没有鲸鱼等着被领养。[笑]

你：哈哈！

玛丽：灵活性似乎很吸引人，但我们不应该过火（过于灵活）。我们能预见到以后可能会有其他种类的宠物，所以一定程度的灵活性在这里是必要的，但不要太多。我还记得在 MS Access 系统上工作的时候，有人试图让我们使用**参与者**（Party）的概念来表示狗和猫。对我们来说要理解这一点太难了。如果你明白我的意思的话，**参与者**这个说法太模糊了。

你：我知道你的意思。好的，有一些灵活性可以容纳不同种类的宠物即可，但不要过火。明白了。

3. 现在还是以后？

现在进入下一个问题。

你：你希望我们要设计的模型应该反映宠物之家现在的情况，还是联盟的应用程序上线后的其他样子？

玛丽：我觉得这不是问题。在新系统中我们没有改变任何东西。宠物还是宠物。

你：好的，这样就简单多了。

正如我们从前三个问题的访谈中所看到的，很少有直接和简单的答案。显然，在项目开始时提出这些问题要比按照假设开工，然后在变更后需要返工更有效率。

4. 正向工程还是逆向工程？

由于首先需要在实现软件解决方案之前理解业务的运作方式，所以这是一个正向工程项目，我们采取正向工程选项。这意味着由需求驱动，因此我们的术语都是业务术语，而非应用程序术语。

5. 运营、分析还是查询？

这个方案是关于展示宠物信息以推动宠物领养，这是典型的查询，我们将构建查询视角的 BTM。

6. 受众是谁?

也就是说，谁会来验证模型并在未来使用这些模型?玛丽似乎是最佳的验证者候选人。她非常了解现有的应用程序和流程，并致力于确保新方案取得成功。潜在的领养者将是系统的用户。

第2步：识别和定义术语

首先需要关注用户故事，然后确定每个故事的详细查询，最后按发生顺序排列这些查询。这是一个迭代的过程。例如，我们可能在两个查询之间识别顺序，并意识到用户故事中需要修改或添加某些查询。让我们逐步完成这几个步骤。

1. 写下用户故事

用户故事存在已经很长时间了，这个工具对于 NoSQL 建模非常有用。维基百科将用户故事定义为：对软件系统功能的非正式的、自然语言的描述。

用户故事为 BTM(也称为查询对齐模型)提供了范围和概述。一个查询对齐模型适用于一个或多个用户故事。用户故事的目的是以非常高级别的方式描述业务价值的交付过程。用户故事通常采用图 42 所示的模板结构。

以下是来自 tech. gsa. gov 的一些用户故事示例：

- 作为内容所有者，我希望能够创建产品内容，以便可以提供信息并向客户推销。

模板	包括
作为（利益相关者）	谁
我希望（需求）	什么
以便（动机）	为什么

图 42　用户故事模板结构

- 作为编辑，我希望在发布内容之前对其进行审核，以确保待发布的内容使用了正确的语法和语气。
- 作为人力资源经理，我需要查看候选人的状态，以便我可以在招聘的各个阶段管理他们的申请流程。
- 作为营销数据分析师，我需要运行 Salesforce 和谷歌分析报告，以便我可以制定每月媒体运营计划。

为了保持宠物之家案例相对简单，假设联盟所有的宠物之家开会，并确定如下这些最受欢迎的用户故事：

1) 作为潜在的宠物狗领养者，我希望按照特定的品种、颜色、大小和性别检索，找到我喜欢类型的小狗。还要确保要领养的狗接种过最新的疫苗。

2)作为潜在的鸟类领养者，我希望按照特定的品种和颜色检索，找到我喜欢类型的小鸟。

3)作为潜在的猫领养者，我希望按照特定的颜色和性别检索，找到我喜欢类型的猫。

2. 收集查询

接下来，我们在项目范围内收集用户故事的查询要求。虽然我们希望收集更多用户故事以确保牢牢掌握范围，但是对于NoSQL应用程序，单个用户故事驱动就足够了。所谓查询一般以“动词”开头，是执行某项操作的动作。某些NoSQL数据库供应商使用“访问模式”一词并非“查询”，而我们使用“查询”一词也包含了“访问模式”的含义。

以下是满足三个用户故事的查询：

Q1：仅显示可供领养的宠物。

Q2：按品种、颜色、体型和性别筛选接种了最新疫苗的狗。

Q3：按品种和颜色搜索可领养的鸟类。

Q4：按颜色和性别搜索可领养的猫。

现在我们有了方向，可以与业务专家合作识别和定义项目范围内的术语了。

回想一下，我们将术语定义为表示业务数据集合的名词，并且要求对特定方案的受众产生既基本又至关重要的名称。一个术语应该是六个类别中的一种：谁、什么、何时、哪里、为什么或如何(怎么样)。可以基于这六个类别来创建一个术语模板，帮助我们的 BTM 收集术语，如图 43 所示。

谁?	什么?	何时?	哪里?	为什么?	如何?

图 43 术语模板

以上是一个用于头脑风暴的小工具，这里的填写顺序不代表重要程度，也就是说，第一条写下的术语并不意味着比第二条写下的术语更重要。此外，在某些情况下，某些列中有多个术语，某些列中可能没有术语。

我们再次与玛丽见面，基于查询需求完成了模板填写，如图 44 所示。

请注意，这是一个头脑风暴的会议，模板上可能出现一些在关系型 BTM 上没有出现的术语。需要排除的术语分为三类：

- **过于详细**。实体的属性应该出现在 LDM 上而不是 BTM 上。例如，接种日期（Vaccination Date）就比宠物（Pet）和品种（Breed）具有更加具体的信息。

谁?	什么?	何时?	哪里?	为什么?	如何?
弃养者	宠物	打疫苗	板条箱	疫苗	打疫苗
领养者	狗	日期		领养	领养
	猫			促销	促销
	鸟				
	品种				
	性别				
	颜色				
	尺寸				
	图像				

图44 宠物之家最初完成的模板

- **超出范围**。头脑风暴是测试方案范围的好方法。通常，添加到术语模板中的术语需要进行额外的讨论，以确定它们是否在范围内。例如，我们知道**弃养者**(Surrenderer)和**领养者**(Adopter)超出了本次项目的范围。
- **冗余**。为什么(Why)和如何(How)两类问题通常非常相似。例如，**接种**(**Vaccinate**)事件记录在实体**接种**(**Vaccination**)中。**领养**(**Adopt**)事件记录在实体**领养**(**Adoption**)中。因此，不用重复事件和记录。在这种情况下，我们选择记录。也就是说，选择“如何”而不是“为什么”。

午餐休息后，我们再次与玛丽见面，并细化了术语模板，如图 45 所示。

谁?	什么?	何时?	哪里?	为什么?	如何?
~~弃养者~~	宠物	~~打疫苗~~	~~板条箱~~	~~疫苗~~	打疫苗
~~领养者~~	狗	~~日期~~		~~领养~~	~~领养~~
	猫			~~促销~~	~~促销~~
	鸟				
	品种				
	性别				
	颜色				
	尺寸				
	图像				

图 45　宠物之家的细化模板

在头脑风暴会议上，我们可能会有非常多的问题。能多提问非常好，提问有如下三个好处：

- **逐步清晰**。探索找到一组精确术语所需的满意水平。寻找定义中存在的漏洞和有歧义的地方，并提出问题，这些问题的答案将使定义更加精确。例如，“一只宠物可以属于多个品种吗?”这个问题的答案将完善联盟对宠物、品种及其关系的看法。熟练的分析师会保持务实的态度，来避免导致“分析瘫痪”。同样熟练的数据建模人员也必须务实，以确保为项目团队提供价值。

- **发现隐藏的术语。**问题的答案通常能探索出 BTM 上原本会错过的更多术语。例如，更好地理解疫苗和宠物之间的关系可能会发现 BTM 上有更多术语。

- **现在好过以后。**最终版的 BTM 价值巨大，但获得最终模型的过程也很有价值。辩论和挑战性问题会引人反思，在某些情况下，人们也会为他们的观点辩护。如果在构建 BTM 的过程中没有提出和回答问题，这些遗留问题将在项目的后期提出并得到解决，这时更改会很费时费钱。即使像“我们还可以使用哪些属性来描述宠物?”这样简单的问题也可能引发与健康相关的辩论，从而产生更精确的 BTM。

下面是每项术语的定义：

宠物 **Pet**	一只准备好可以被收养的狗、猫或鸟。动物在通过宠物之家工作人员的某些检查后成为宠物。
性别 **Gender**	宠物的生物性别。宠物之家中使用三个值： • 雄性。 • 雌性。 • 未知。 如果不确定性别，则为未知。
体型 **Size**	这个值主要和狗相关，宠物之家中使用三个值： • 小型。 • 中型。 • 大型。 猫和鸟一般分配为中型，小奶猫分配为小型，鹦鹉分配为大型。

（续）

颜色 **Color**	宠物的皮毛、羽毛或漂染的主要颜色。颜色的示例包括棕色、红色、金色、奶油色和黑色。如果宠物有多种颜色，我们要么指定一种主要颜色，要么指定一个更通用的名称来包含多种颜色，例如纹理、斑点或补丁。
品种 **Breed**	来自维基百科的这个定义适用于我们的项目： 品种是指具有同质外观、同质行为和(或)可将其与同种其他生物区分开来特征的一组驯养动物。
疫苗接种 **Vaccination**	为宠物接种疫苗，以保护其免受疾病侵害。疫苗的例子有狗和猫的狂犬病疫苗，以及鸟的相关病毒疫苗。
图像 **Image**	为将在网站上发布而拍摄的宠物照片。
狗 **Dog**	来自维基百科的这个定义适用于我们的项目： 狗是狼的驯化后代。也称为家犬，它源自已经灭绝的史前狼，现代狼是狗的近亲。在农业发展的 1.5 万年前，狗是第一种被狩猎者驯化的物种。
猫 **Cat**	来自维基百科的这个定义适用于我们的项目： 猫是一种小型食肉目驯养哺乳动物。它是食肉目猫科中唯一的驯养种，通常称为家猫，以区别于该科的野生成员。
鸟 **Bird**	来自维基百科的这个定义适用于我们的项目： 鸟是一类温血脊椎动物，构成类鸟纲，以羽毛、无齿喙状颌、硬壳蛋、高代谢率、四腔心和强而轻的骨骼为特征。

第 3 步：收集关系

尽管这是一个查询视角的 BTM，我们也可以提出参与类和存在类问题来精确显示每个关系的业务规则。参与类问题确定每个术语旁边的关系线上是否有一个或多个符号。存在类问题确定任一术语旁边的关系线上是否有 0(可以)或一个(必须)符号。

通过与玛丽合作访谈，我们在模型上标识了以下这些关系：

- **宠物**可以是**鸟**、**猫**或**狗**(子类型)。
- **宠物**和**图像**。
- **宠物**和**品种**。
- **宠物**和**性别**。
- **宠物**和**颜色**。
- **宠物**和**疫苗接种**。
- **宠物**和**体型**。

表5包含了上述关系的参与性和存在性问题的答案。

在将每个问题的答案转化为模型后，我们得到了宠物之家的BTM，如图46所示。

表5　参与性和存在性问题的答案

问　　题	是	否
性别可以用来分类多只宠物吗?	√	
一只宠物可以归属多个性别分类吗?		√
性别可以在没有宠物的情况下存在吗?	√	
宠物可以在没有确定性别的情况下存在吗?		√
体型可以对多只宠物进行分组吗?	√	
一只宠物可以被归属多个体型分组吗?		√
体型可以在没有宠物的情况下存在吗?	√	
宠物可以在没有确定体型的情况下存在吗?		√
颜色可以描述多只宠物吗?	√	
一只宠物可以被多种颜色描述吗?		√
颜色可以在没有宠物的情况下存在吗?	√	

（续）

问　题	是	否
宠物可以在没有标明颜色的情况下存在吗？		√
一只宠物可以属于多个品种吗？	√	
一个品种可以包含多只宠物吗？	√	
宠物可以在没有标明品种的情况下存在吗？		√
品种可以在没有任何宠物的情况下存在吗？	√	
一只宠物可以接种多种疫苗吗？	√	
每次疫苗接种可以给多只宠物接种吗？	√	
宠物可以在没有接种疫苗的情况下存在吗？	√	
疫苗可以在没有宠物接种的情况下存在吗？	√	
一只宠物可以拍摄多张图像吗？	√	
一张图像可以拍摄多只宠物吗？	√	
宠物可以在没有图像的情况下存在吗？		√
图像可以在没有宠物的情况下存在吗？		√

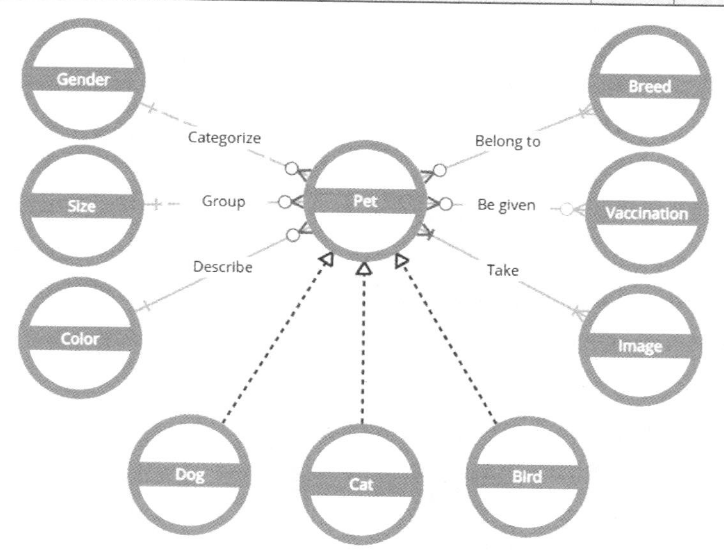

图 46　宠物之家的 BTM（显示了规则）

这些关系可以解读为：

- 每个**性别**可以分类许多**宠物**。
- 每只**宠物**必须被分类到一个**性别**。
- 每个**体型**可以对许多**宠物**进行分组。
- 每只**宠物**必须被分组为一个**体型**。
- 每种**颜色**可以描述许多**宠物**。
- 每只**宠物**必须被**指明**为一种颜色。
- 每只**宠物**必须属于多个**品种**。
- 每个**品种**可以包含多只**宠物**。
- 每只**宠物**可以进行多次**疫苗接种**。
- 每次**疫苗接种**可以给多只**宠物**接种。
- 每只**宠物**可以拍摄多张**图像**。
- 每张**图像**里可以拍摄多只**宠物**。
- 每只**宠物**可以是**狗**、**猫**或**鸟**的一种。
- **狗**是一种**宠物**、**猫**是一种**宠物**、**鸟**是一种**宠物**。

参与性和存在性问题的答案取决于上下文。也就是说，项目的范围确定了答案。在这种情况下，本次项目的范围是宠物之家业务的子集，将作为这个联盟项目的一部分，我们现在必须知道宠物只能用一种颜色来描述。

尽管我们已经确定使用 Elasticsearch 数据库来回答以上这些查询。还是应该看到传统的数据模型方法在提出正确问题方面体现的价值，它提供了一个强大的沟通媒介，显示了术语及其业务规则。即使我们的解决方案没有打算在关系型数据库中实现，

BTM 也提供了很多价值。

如果您体会到了这个价值，即使打算采用 Elasticsearch 之类的 NoSQL 数据库解决方案，也要构建关系数据模型。也就是说，如果您觉得以精确的方式解释术语及其业务规则有价值，请构建关系 BTM。如果您觉得使用规范化将属性组织成集合有价值，请构建关系 LDM。这有助于梳理您的思路，并提供一种非常有效的交流工具。

当然，我们的最终目标是创建一个 Elasticsearch 数据库。因此，我们需要一个查询 BTM。所以，我们需要模拟操作者的行为确定运行查询的顺序。

可以通过绘制查询顺序图来生成查询 BTM。查询 BTM 是交付项目范围内用户故事所需的所有查询的编号列表。该模型还显示查询之间的顺序或依赖关系。前面几个查询 BTM 的查询顺序或依赖关系如图 47 所示。

所有查询都取决于第一个查询。也就是说，首先需要按动物类型进行筛选。

第 4 步：确定可视化效果

构建好的模型需要有人审查，并将模型用作后续交付成果（如软件开发）的输入，因此决定使用哪种可视化效果是一项重要工作。通过战略问题 6 “受众是谁？” 的答案，我们知道玛丽是合适的验证者。

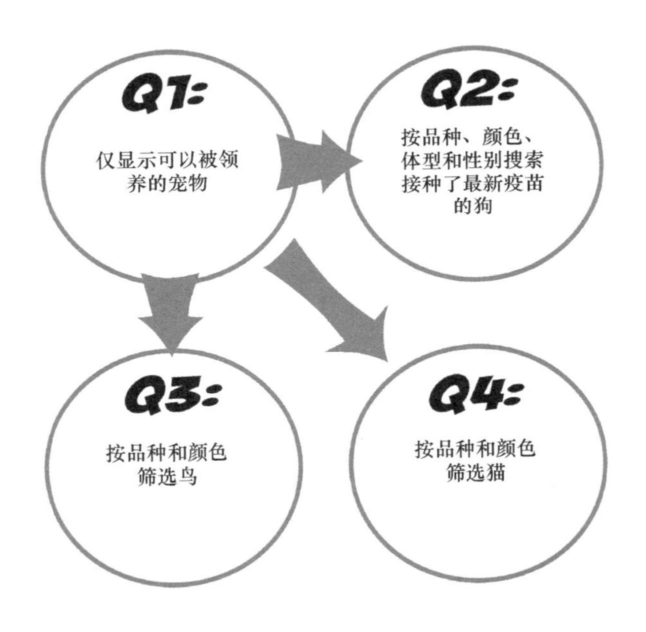

图47　宠物之家的BTM（显示查询）

有许多不同的方法可以用于展示BTM。选择因素包括受众的技术能力和现有的工具环境。

所以，了解组织当前使用哪些数据建模表示法和数据建模工具会很有帮助。如果受众熟悉特定的数据建模表示法——例如我们在本书中一直在使用的信息工程（IE）——那么这就是当前应该使用的符号。如果受众熟悉特定的数据建模工具，例如IDERA的ER/Studio、erwin DM或Hackolade Studio，并且该数据建模工具使用其他不同的表示法，我们就应该使用该工具及其表示法来创建 BTM。

幸运的是，我们创建的两个 BTM，一个用于规则，另一个用于查询，都是非常直观的，所以该模型很容易为受众所理解和接受。

第 5 步：审查和批准

之前我们确定了负责验证模型的个人或小组。现在我们需要向他们展示模型，以确保模型是正确的。通常在经过这一阶段的审查后，模型会进行一些更改，然后再次向验证人员展示模型。这种迭代过程会一直持续，直到验证者批准模型为止。

三个贴士

1）组织。您在构建前面这个“模型”中所经历的步骤，与我们在构建任何其他模型时经历的步骤基本相同。这都是关于组织的有用信息。数据建模人员非常了不起，他们以精确的形式表达混乱的现实世界，创建强大的交流工具。

2）80/20 规则。不要追求完美。大量需求会议花费了太多的时间讨论某个细节特定问题，导致会议没有实现目标就结束了。在讨论几分钟后，如果您觉得问题的讨论可能会占用太多时间并没有得到解决，请记录该问题并继续下一个话题。您会发现，为了与敏捷或其他迭代方法更好地协作，可能必须放弃完美主义。更好的方法是记录未有答案的问题，然后继续前进。交付不完美但仍然非常有价值的东西，相比什么都没有交付要好得多。您会发现，可以在 20%的时间内完成数据模型的约 80%。其中的一项交付成果应该是包含未回答问题和未解决问题的文档。要想所有这些问题都得到解决，需要约 80%的时间，模型才能 100%完成。

3)外交官。正如威廉・肯特(William Kent)在《数据与现实》(1978)中所说：所以，再说一次，如果要建设一个关于图书的数据库，在我们能知道一个人讲的到底是什么意思之前，最好在所有用户之间就“图书”达成共识。在构建解决方案之前，请花时间努力就术语达成共识。想象一下有人在不确切知道宠物定义的情况下查询宠物会发生什么情况吧。

三个要点

1)在开始项目之前，必须提出六个战略问题(第 1 步)。这些问题是项目成功的先决条件，因为它们可以确保我们为 BTM 选择正确的术语。接下来，识别项目范围内的所有术语(第 2 步)，确保每个术语都定义清晰完整。然后确定这些术语之间的关系(第 3 步)。通常，在这一点上您需要返回第 2 步，因为在收集关系时，您可能会想到新的术语。接下来，确定对受众最有利的可视化效果(第 4 步)。考虑哪些需要查看和使用 BTM 的人最认可的视觉效果。最后一步，寻求 BTM 的批准(第 5 步)。通常在这一点上，模型会有额外更改，我们会循环这些步骤直到模型被接受。

2) 如果您觉得收集和解释参与类和存在类性规则有价值，除了查询型 BTM 之外，请还创建关系型 BTM。

3) 永远不要低估精确和完整定义的价值。

第2章

细 化

本章进入数据建模的细化阶段。我们解释了细化的目标，细化了宠物之家案例的模型，然后逐步完成了细化阶段的工作。我

们在章节末尾给出三个贴士和三个要点。

目标

细化阶段的目的是基于我们在对齐阶段定义的通用业务词汇创建逻辑数据模型（LDM）。细化是模型人员在不用考虑实现因素（如软件和硬件）的复杂情况下获取业务需求的方式。

宠物之家的逻辑数据模型（LDM）使用 BTM 中的通用业务语言来精确定义业务需求。LDM 经过了充分的属性补充，但独立于技术实现。我们通过在第 1 章中介绍的规范化概念来构建关系型的 LDM。图 48 所示为宠物之家的关系型 LDM。

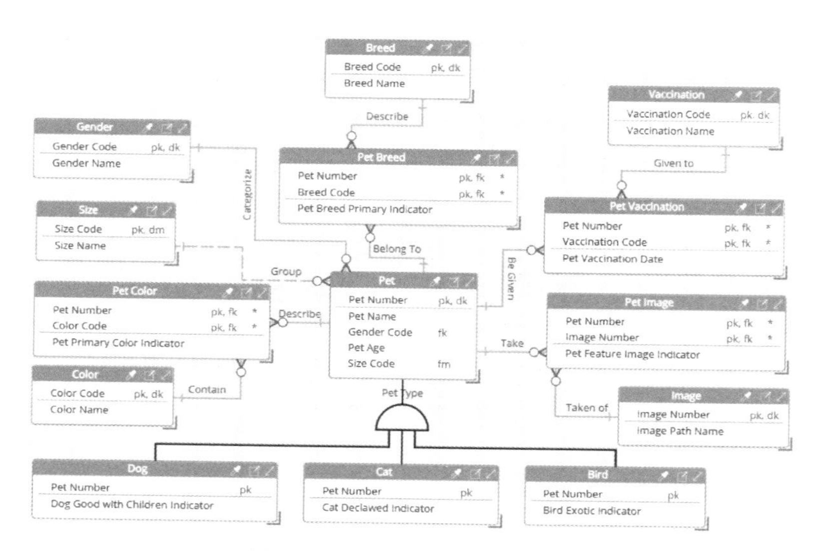

图 48 宠物之家的关系型 LDM

该模型不会轻易改变。因此，我们可以用它作为所有查询的起点模型。让我们简要介绍一下该模型。宠物之家用宠物编码(Pet Number)来识别每只宠物，这是宠物到达当天分配给它的唯一标识。此时还输入宠物的姓名(Pet Name)和年龄(Pet Age)。如果宠物没有名字，则由宠物之家工作人员输入宠物信息后为其命名。如果年龄不清楚，则由收容所工作人员估计后输入。如果宠物是狗，宠物之家负责输入信息的员工会评估，以确定狗是否适合儿童相处。如果宠物是猫，宠物之家员工会确定猫是否已被去爪。如果宠物是鸟，宠物之家员工会判断它是否是鹦鹉等外来鸟。

方法

细化阶段主要是确定方案的业务需求。最终目标是一个逻辑数据模型，它收集了回答查询所需的属性和关系。要完成的步骤如图49所示。

与确定传统逻辑数据模型中更详细的结构类似，我们确定在细化阶段交付查询所需的更详细结构。因此，如果您愿意，可以将查询 LDM 称为查询细化模型。查询细化模型的核心是发现并收集查询的答案，从而揭示对业务流程的见解。

第1步：应用引导式技术

这是我们与业务利益相关者互动以识别回答查询所需属性和

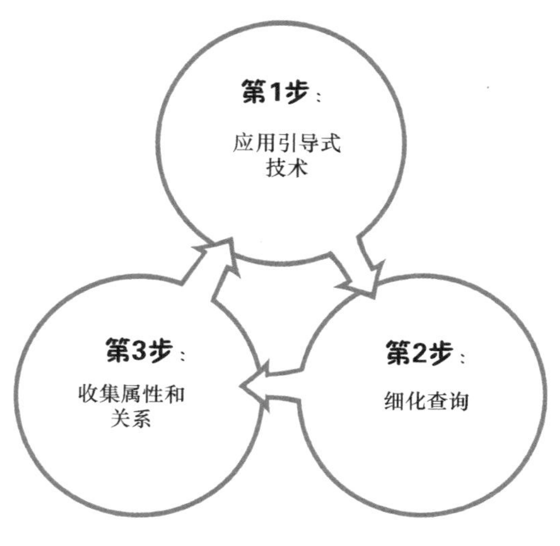

图 49 细化步骤

关系的地方。互动通常是个不断完善的过程，直到时间用尽。我们可以使用的技术包括访谈、遗留文档分析(研究现有或拟议的业务或技术文档)、工作观察(观察某些人工作)和原型开发。您可以使用这些技术的任意组合来获取回答查询所需的属性和关系。这些技术通常是在敏捷框架内使用。您可以根据初衷和利益相关者的需求选择使用哪些技术。例如，如果利益相关者说："我不知道我想要什么，但当我看到时就会知道这是不是我要的"，那么构建原型可能是最佳方法。

分析工作负载

识别、量化和限定工作负载是练习细化过程的一个重要部分。

您需要将每个操作识别为读操作或写操作，并了解读写比率。列出所有创建、读取、更新和删除（CRUD）操作，并花时间完成绘制屏幕和报告线框以及将其整理为工作流程图。仔细思考这些问题并与主题专家一起验证，这个过程中一定还会揭示您以前可能忽略的事实。

Elasticsearch 使用分片（分区）来实现可扩展性。数据被分成多个分区并单独存储。这些分区称为分片。我们可以将分片分布在多台可以并行处理请求的机器上，从而提高整体性能。除此之外，如果负载增加，还可以添加更多机器。索引中存储的数据被分为主分片，以便索引中的每个文档都属于一个主分片。

Elasticsearch 还使用复制技术，分别存储相同数据的多个副本。可以在多台计算机上找到这些副本，以便在计算机出现问题时提供数据的副本。副本还可以一起执行读取请求，这有助于分担系统负载。这些副本称为副本分片，只是主分片的一份副本而已。

我们在开始设计练习以及研究影响设计的性能指标之前，需要进一步了解 Elasticsearch 的运行机制。Elasticsearch 的集群由一个或多个节点组成，如图 50 所示。

有三种常见的节点类型：

- **主节点**：默认情况下，每个节点都可以担任主节点。集群会自动从所有符合条件的节点中选择一个担任主节点。如果主节点发生故障，另一个符合条件的节点将被指定为主节点。主节点协调集群任务，例如删除或创建索引，以及执行分片分配。

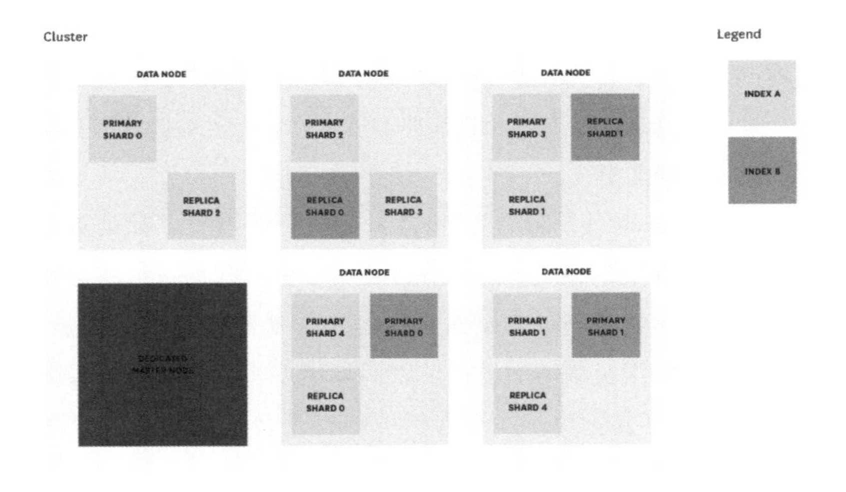

图 50　Elasticsearch 集群[1]

• **数据节点**：默认情况下，每个节点都是一个数据节点，负责将数据存储在分片中。它们执行与索引、搜索和聚合数据相关的操作。

• **客户端节点**：该节点执行负载均衡，有助于路由索引和搜索请求。它有助于减轻搜索工作量，以帮助数据和符合条件的主要节点保持专用于其特定功能。如果数据节点可以自己处理请求路由，则客户端节点并不总是必需的。

如前所述，数据存储在索引中。Elasticsearch 索引是一个存储实体，类似于 MongoDB 中的集合或 RDBMS 中的表。每个索引

[1] https://solutionhacker.com/elasticsearch-architecture-overview/。

都包含一组 JSON 格式的相关文档。Elasticsearch 中的一个关键概念是倒排索引，它列出了给定文档中的每个不同单词，并标识了出现该单词的每个文档。我们需要考虑如何定义这些索引。索引存储在一个或多个主分片以及 0 个或多个副本分片中。

创建索引时，我们可以指定主分片的数量和每个主分片的副本分片数。请谨慎选择索引，因为主分片的数量无法更改。

对于 Elasticsearch 中的读写操作，也分别称为搜索和索引，我们需要考虑一些关键的性能指标来进行适当的工作负载分析。

搜索请求类似于传统数据库中的读取请求。搜索请求有查询和取回两个主要阶段，涉及三个关键的搜索性能指标：

- **查询负载：**当前正在处理的请求数，它可以了解集群在特定时间点处理的请求数量。对查询负载的随机峰值和下降设置警报可以解决潜在问题。
- **查询延迟：**监视工具可以使用查询总数和总运行时间来计算平均查询延迟，并且可以设置延迟超过指定阈值时的警报。
- **获取延迟：**搜索的取回阶段所花费的时间应该比查询阶段少得多。如果该指标值始终在增加，则可能意味着您需要更丰富的文档，或者可能存在内存问题。

索引请求类似于传统数据库中的写入请求。当索引中的信息发生更改时，索引的每个分片都通过两个过程进行更新：刷新和刷写。默认情况下，Elasticsearch 每秒刷新一次索引。但是，可以更改此间隔。刷写索引可确保存储在事务日志中的数据永久存储在 Lucene 索引中(Apache Lucene 是 Elasticsearch 的基础)。有两个关键的索引性能指标。

- **索引延迟：** 监视工具可以使用索引总数和索引时间指标计算索引延迟。如果有大量文档，请选择针对索引性能而不是搜索性能进行优化。
- **刷写延迟：** 在刷写完成之前，数据不会持久保存到磁盘，因此该指标可能有助于解决阻止您向索引添加新信息的问题。

对于写入操作，需要了解保存数据的时间、数据传输到系统的频率、平均文档大小、保留时间和持久性。从最关键的操作开始您的设计练习，然后按照列表进行操作。

对于读取操作，您还需要记录数据写入模式和数据写入实时性，同时考虑最终一致性和读取延迟。如果是从间接节点（非直接节点）读取数据，则数据实时性与复制时间有关，或者如果是从已有的数据片段读取部分数据，则与可接受时间有关。它定义了读取操作必须以多快的速度访问写入的数据：立即（数据始终一致）、十毫秒内、一秒内、一分内、一小时内或一天内。例如，阅读缓存在产品文档中的与产品相关的热门评论可能具有可容忍的一日实时性。读取延迟以毫秒为单位指定，其中 p95 和 p99 值代表第 95 个和第 99 个百分位值。读取延迟 p95 值为 100 毫秒意味着 100 个请求中有 95 个需要 100 毫秒或更短的时间才能完成。

这些信息有助于验证选择合适的设计模式（稍后会详细描述），指导创建必要的索引，并影响硬件的大小和配置，从而影响项目的预算。不同的数据建模模式对读性能、写操作数量、索引成本等的影响各不相同。因此，您可能必须做出妥协并权衡有时相互矛盾的需求。

您可以使用电子表格或任何其他方法基于图51中的示例来记录工作负载分析的结果，该示例内置于Hackolade Studio for Elasticsearch中。在生命周期后期的模式演化阶段，您可以查看最初记录的值，要记录具体查询条件应检索哪些文档的特定表达式和参数，因为现实可能与最初的估算差异非常大。图51所示表格中的另外一些点有必要进行说明。

搜索类型属性允许您指示要定义的索引类型以提高查询性能：

- **标准精确搜索**：使用此类型，我们根据文档中的一个或多个字段进行查询，这些字段可能会是聚合管道中的某种组合。
- **地理空间查询**：允许根据文档的地理位置或与特定点的接近程度来高效检索文档，满足基于位置的搜索或地理空间分析的应用程序需求。
- **全文文本搜索**：当需要对大量基于文本的数据进行高效且基于相关性的搜索时，启用全文文本搜索。

文档的形状和集合的索引定义也直接影响查询的效率。下面按效率从高到低进行说明：

- **覆盖查询**：索引包含所有查询字段以及完成查询所需的数据，不用从集合本身获取文档。
- **索引查找**：索引根据指定的查询条件快速定位并检索特定文档，最大限度地减少扫描文档的数量。

Workload analysis	
Actor	
Description	...
Number of documents	
Avg document size (Bytes)	
Read-to-Write ratio	
Keep forever	☐
Retention (months)	
Write operations +	
Write ops name	×
Write type	insert
Write rate	
Write frequency	per hour
Durability	majority
Read operations +	
Read ops name	×
Query predicates	...
Read rate	
Read frequency	per hour
Search type	standard search
Efficiency	index seek
Data freshness	1 sec
Latency (in ms)	
Median (p50)	
p90	
p95	
p99	
Max	

图 51 工作负载分析数据截屏

- **索引扫描：**根据查询条件重点查找特定文档或文档范围，有效地缩小搜索范围。
- **集合扫描：**当无法使用索引来有效过滤或定位所需数据时，这种模式会占用大量资源且耗时，特别是对于包含大量文档的大型集合。

量化关系

在实体关系图中，我们将关系的基数限定为 0、1 和多。

这种情况很长一段时间以来都是合适的。数据的数量比几年前高出几个数量级。关系的多侧（many）可能包含几千或上百万的对象，并试图嵌入、拉取或连接操作，对此大多数应用程序都无法很好地处理这些情况。因为这种巨大的关系比以前更频繁，再次建议不再仅用“多”，而是用实际数字来量化它们。例如，与其使用[0，M]来说一个对象可以链接到 0 到多个对象，我们应该尽可能量化这些数字。例如，一个产品可能有[0，1000]评论，这更能说明问题。写下 1000 会让我们考虑分页，并在产品达到最大值时可能限制产品的评论数。

为了增加我们对关系的了解，可以添加一个可选的“最有可能”或“中位数”值。例如，[0，20，1000]提供了更具描述性的信息，告诉我们产品可能有 0~1000 个评论，中值为 20。如果我们使用 Hackolade Studio 创建模型，则可以使用图 52 中的基数对文档中的数组进行建模。

是的，我们可能会有一些错误估算，特别是在开始阶段。然而，我们估算的量级应该是正确的。如果无法正确估计，这应该是审查模型时的检查重点。也许某段信息不应该嵌入，替换为引用方式。

Quantification	
Minimum	0
Min unit	single
Likely	20
Likely unit	single
Maximum	1000
Max unit	single

图 52　基数

第 2 步：细化查询

细化是个迭代的过程，我们通常会一直重复细化过程，直到时间用尽。

第 3 步：收集属性和关系

理想情况下，由于文档(以及键-值)数据库的分层性质，我们应该努力用单一结构回答一个或多个查询。尽管这可能看起来“非规范化”，但针对特定查询组合一个结构文档比连接多个文档结构更快、更简单。逻辑数据模型包含每个查询细化模型中标识的查询所需的属性和相关结构。

使用历史文档分析，我们可以从宠物之家的逻辑数据模型开始，并将此模型用作收集方案范围内的属性和关系的好方法。基于查询，相当多的概念对于搜索或过滤来说并不直接相关，因此它们可以成为 Pet 实体上的附加描述性属性。

例如，没有哪个关键查询涉及疫苗接种。因此，我们可以将图 53 所示的模型子集简化为图 54 所示的模型。

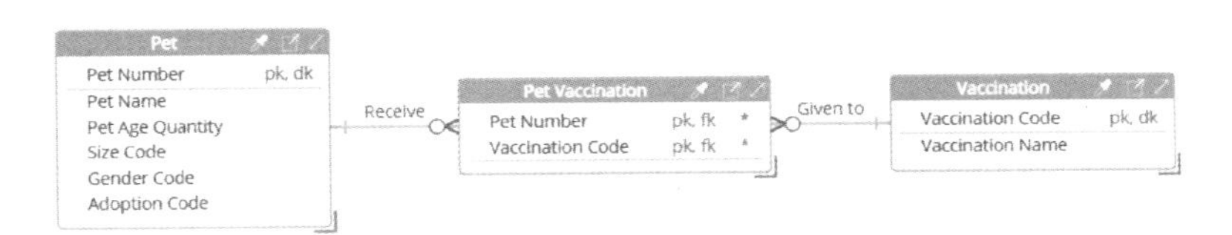

图 53　规范化的模型子集

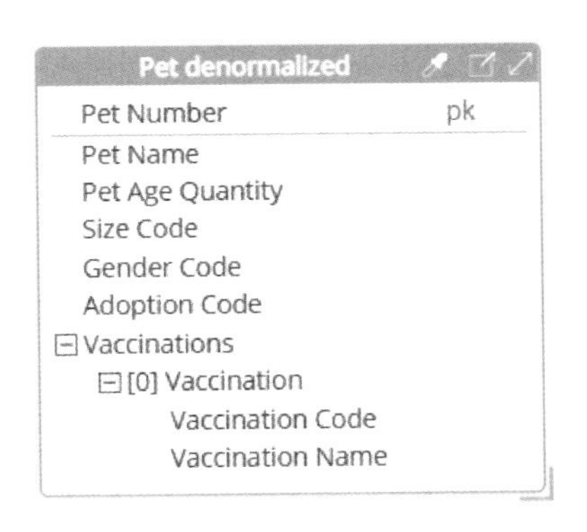

图 54　非规范化的模型子集

此示例说明了传统 RDBMS 模型与 NoSQL 的不同之处。在最初的逻辑模型中，重要的是要传达一个宠物可以接受多种疫苗接种并且可以为许多宠物进行疫苗接种。然而，在 NoSQL 中，由于没有查询需要通过疫苗接种来过滤或搜索，因此疫苗接种属性只是成为宠物(Pet)的其他描述性属性。疫苗接种代码和疫苗接种名称属性现在是**宠物**中的嵌套数组。举例来说，如果 Spot the Dog 接种了五次疫苗，它们都将列在 Spot 的记录(或使用 Elasticsearch 术语称为文档)中。遵循相同的逻辑，宠物的颜色和图像也成为嵌套数组，如图 55 所示。

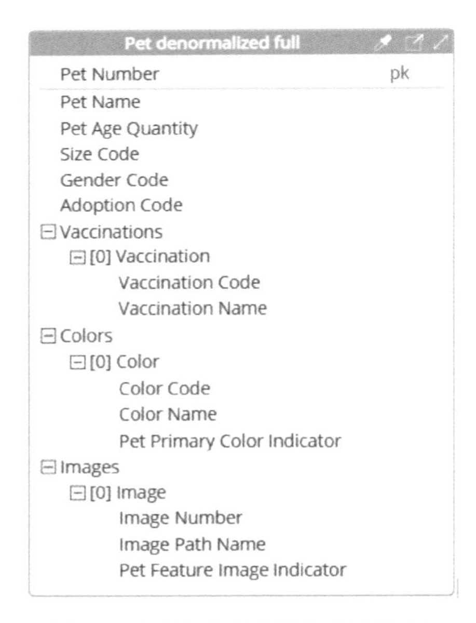

图 55　为颜色和图像添加嵌套数组

Elasticsearch 中的嵌套数据类型是对象数据类型的特殊版本。如果将来需要查询疫苗接种，可以通过某种方式对这个对象数组进行索引，以便可以在 Elasticsearch 中独立查询它们。

此外，为了有助于查询，我们需要创建一个宠物类型(Pet Type)结构，而不是子类型狗、猫和鸟。确定了可以领养的宠物后，我们需要区分宠物是狗、猫还是鸟。我们的模型现在如图56所示。进行子类型化时，需要考虑对Elasticsearch中索引的影响。有时，您最好将所有数据基于非规范化的方式写入子文档中，而不是使用父/子概念。这可能并不总是实用，因为父文

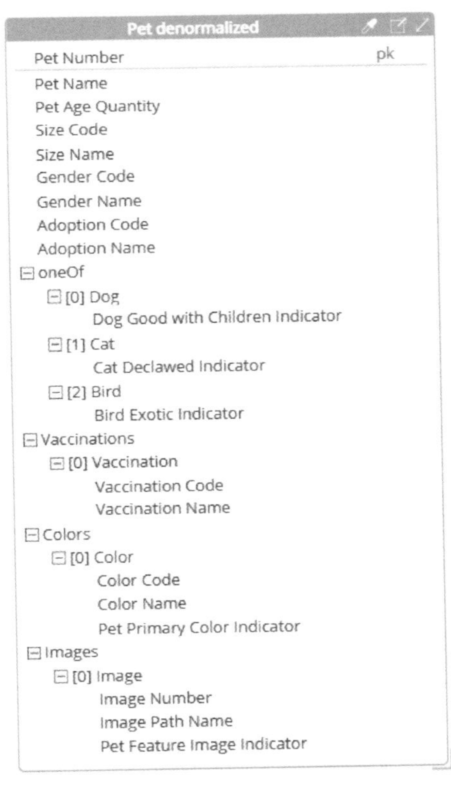

图56 具有Pet类型的完整LDM

档中可能有太多数据无法复制到子文档中。另一种选择是将子文档放置父文档中，该选择一个潜在的缺点是添加子文档将需要对整个文档重新建立索引。

除了前面看到的逆规范化模型之外，这个示例还说明了 Elasticsearch 文档模型作为关系型数据库继承表的替代方案的多态性。除了通用结构之外，这个单一模式还描述并可以验证狗、猫和鸟的不同文档类型。关系子类型在这里通过 oneOf 选择完成，它允许多个子模式。

Elasticsearch 提供了两个选项来帮助避免重新索引。第一个是创建嵌套文档或查询。这允许您在文档之间建立父/子关系。但是，在为子级建立索引时，您必须提供父级的 ID。第二个是使用 has_child 过滤器，它选择至少有一个子文档满足特定查询的父文档。使用这些层次关系的主要好处是子项始终在与其父项相同的分片中建立索引，因此 has_child 不必依赖于令人困惑的跨分片操作。如前所述，这些分片对于促进分发和可扩展性至关重要。

关系模型中出现的关联表在这里被子对象数组替换，数组数据类型允许有序项目列表。

三个贴士

1）访问模式：在创建 LDM 时，查询驱动的方法对于利用 NoSQL 的优势至关重要。不要被旧的标准化习惯所禁锢思路，除非工作负载分析揭示了需要标准化的关系基数。构建模型时请记住层次结构和嵌套的关键概念。

2)聚合：将逻辑上属于一起的内容保存在一起。单个文档中的嵌套结构可以确保插入、更新和查询的原子性和一致性，而不用进行昂贵的连接操作。这种方式对于习惯处理对象的开发人员也很有好处，并且对于人来说也更容易理解。

3)相比规范化，逆规范化结构更容易操作：规范化 LDM 如果包含超类型/子类型或联结表，则它不是与技术无关的。或者，仅当您的物理目标完全是关系型且不包括 NoSQL 时，它才是“技术不可知论”。另一方面，非规范化 LDM 可以通过良好的数据建模工具轻松针对关系物理目标进行规范化，同时根据先前识别的访问模式提供非规范化结构。然而，工作重点仍然需要放在构建正确收集业务概念和关系的数据模型上。在这一点上，技术考虑是次要的。

三个要点

1)细化阶段的目的是基于对齐阶段定义的通用业务词汇创建逻辑数据模型(LDM)。细化是建模人员在不用考虑实现问题(如软件和硬件)复杂因素情况下收集业务需求的方式。因而，懂得何时应选择 Elasticsearch 而非 RDBMS 或者其他 NoSQL 数据库，并且了解 Elasticsearch 的运作原理，这点非常重要。

2)LDM 通常是属性完整的，同时独立于技术。但是这个严格的定义如今正受到挑战，因为目标技术在特性上可能差异巨大：如关系型数据库、不同类型的 NoSQL、数据湖的存储格式、发布/订阅管道、应用接口等。在最终确定一种方案之前建议尝试不同的设计。这尤其适用于嵌套和子类型化的概念。

3)过去，对于关系型数据库，人们希望可以设计一个满足未来任何查询需求的结构。使用 NoSQL 后，只是希望设计一个针对特定应用程序中的各种访问模式的模型(写入或读取)。

第3章

设　　计

本章将进入数据建模的设计阶段。我们将会解释设计阶段的目标，为宠物之家案例设计模型，然后详细介绍设计的方法。本

章结束时提供三个贴士和三个要点。

目的

设计阶段的目标是基于我们在逻辑数据模型中定义的业务需求来创建物理数据模型（PDM）的。设计是建模人员如何在不影响业务需求的前提下收集技术需求，同时满足该项目软硬件技术约束的过程。

设计阶段也是我们适应历史数据的阶段。也就是说，我们要修改数据结构以适应数据随时间的变化情况。例如，设计阶段允许我们不仅可以依靠最新宠物名字，还可以包括原始的名字跟踪宠物。具体的一个例子是，宠物之家将一只宠物的名字从斯帕基改名为黛西。设计上可以同时存储宠物原始名和宠物最新名，这样我们就知道黛西的原始名字是斯帕基。尽管本书不涉及高频波动数据或历史数据的高效存储建模方法，比如 Data Vault，但您需要在设计阶段考虑这些因素。

图 57 所示为宠物之家基于 Microsoft Access 数据库设计的物理数据模型（PDM）。

请注意，PDM 包括了很多格式化和可为空的字段。此外，这个模型在很大程度上也不符合规范化要求。例如：

- 尽管逻辑上一只宠物可以拥有任意数量的图像，但其设计上只允许每只宠物最多拥有三张图像。宠物之家使用字段名 Image_Path_Name_1 作为特色图像。

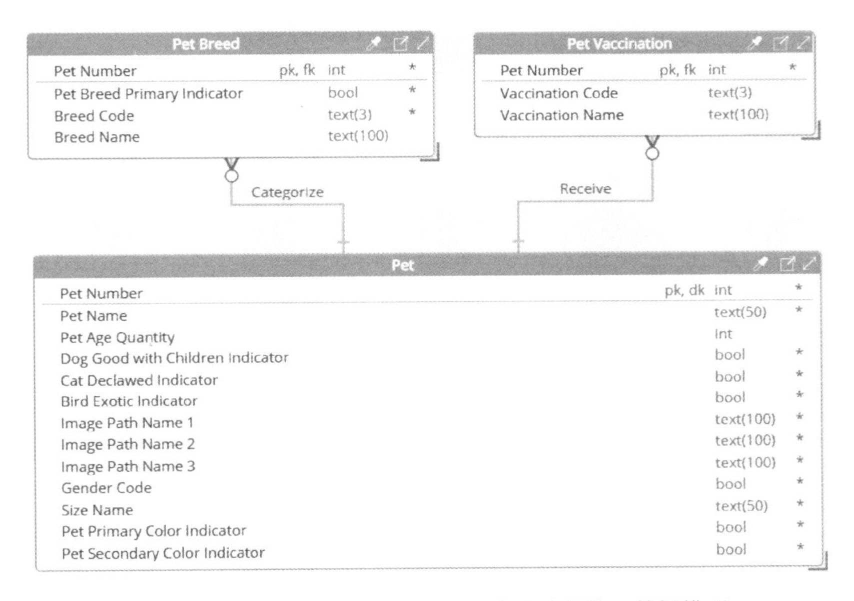

图 57 宠物之家基于 Microsoft Access 数据库设计的物理数据模型(PDM)

- 注意实体属性编码的映射情况。一对多关系被非规范化映射到一只宠物的记录中。没有出现性别名称字段 Gender_Name，因为每个人都知道代码的含义。人们不熟悉体型代码 Size_Code，所以只存储了体型名称 Size_Name。品种已被逆规范化为宠物品种字段 Pet_Breed。根据实际的需求，实体的编码在物理上以不同的方式建模是很常见的。

- 疫苗表(Vaccination)信息已被逆规范化映射到宠物疫苗接种表中(Pet_Vaccination)。

对于 Elasticsearch 来说，类似图 58 所示的数据模型。

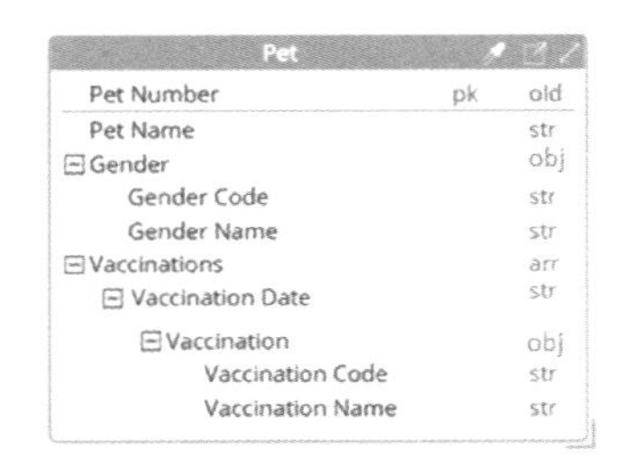

图 58 在 Elasticsearch 中对宠物之家的数据进行建模示意图

方法

设计阶段就是围绕某个特定数据库进行的模型设计。最终目标是设计出满足用户需求并能支持优化最终用户查询的数据模型。对于我们的宠物之家案例来说，该模型融合了 Elasticsearch 特性和 JSON 数据格式。设计步骤如图 59 所示。

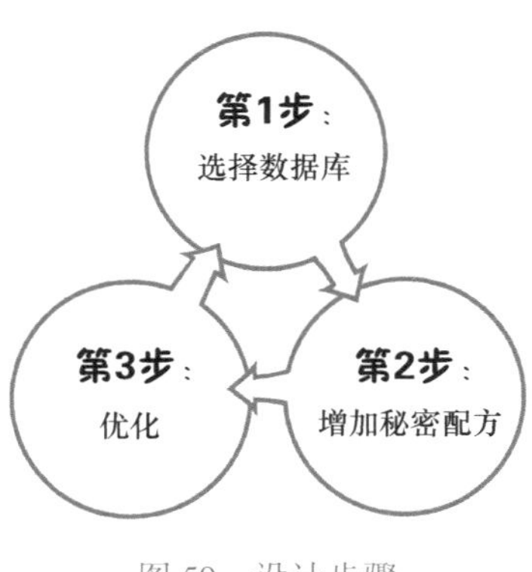

图 59 设计步骤

第1步：选择数据库

我们现在通过了解足够多的信息来决定哪个数据库对应用程序最理想。有时，我们认为应用程序的最佳架构可能会选择多种数据库。在基于 Elasticsearch 的情况下，通过 ODBC 方式链接 MS Access 查询提取数据，存储到 Elasticsearch。此外，Elasticsearch 是无模式的，不需要提前创建字段定义就可以写入新数据。借助于内置字段动态映射功能，写入数据时可以自动检测新字段并将新字段加入到索引中来。

第2步：添加秘密配方

尽管各种 NoSQL 数据库非常相似，但每种数据库在设计过程中都有一些特殊考虑因素。例如，对于 Elasticsearch，我们会考虑在哪些场景下可以应用其特性。Elasticsearch 特性如下：

- 索引。
- 无模式。
- 集群。
- 分片。
- 跨集群与跨数据中心复制。
- 节点自动恢复。
- 数据自动平衡。
- DSL 领域特定语音、SQL 结构化查询语音、EQL 事件查询语言。

- 用于角色权限访问控制。
- 快照备份生命周期管理。
- 数据存储灵活性(支持多种数据类型、文档存储、全文搜索、时序数据、地理空间数据)。
- 内置数据钻取与数据丰富 APIs。

内部对象、父子类型与嵌套对象

内部对象

当您为 Elasticsearch 建模时，内部对象(Inner Objects)通常可用于任何类型的关系。是选择将一个文档作为内部对象嵌入到另一个文档中，还是创建嵌套结构，会导致功能上的差异。只有正确地选择关系，才能生成最好的数据模型。

在关系型数据库模型中，倾向于嵌入一对一的关系。两条信息位于同一行。在一对多或多对多关系的情况下，两条信息被分配为不同表中的不同行。对于 Elasticsearch，嵌入一对一关系意味着将两条信息放在同一个文档中。您还可以选择使用子文档对其分组划分，例如地址的组成部分：

```
// A one-to-one relationship within a subdocument
//在一对一关系中嵌入子文档
{
   "_id": "dog19370824",
   "name": "Champ",
   "address": {
```

```
      "street": "1600 Pennsylvania Avenue NW",
      "city": "Washington",
      "state": "DC",
      "zip": "20500",
      "country": "USA",
    }
}
```

您可以将一对多关系嵌入到数组或字典中。数组是文档中的一种结构，用于表达文档模型中的一对多关系。

```
// a Pet document with embedded Pet comments
// 一个宠物文档中可以嵌入宠物评论数据
{
  "_id": "dog19370824",
  "name": "Fanny",
  "comments": [ {
      "name": "DanielCoupal",
      "text": "Fanny is the sweetest dog ever!"
    }, {
      "name": "SteveHoberman",
      "text": "Fanny loved my daughter's brownies."
    } ]
}
```

对于多对多关系，我们还可以使用数组或字典。需要注意的是，嵌入这种类型的关系可能会引入数据重复。对您的模型来说，重复数据并不一定都是不好的情况；然而，我们想强调的是，相比多对多关系，一对多关系的嵌入并不会导致违反规范化或数据重复。

父子类型

如果映射关系是“一对一”的，我们使用一个简单的标量值即可引用另一个文档，如果关系是“一对多”的，我们则需要使用数组引用另外多个文档。父文档有自己的映射，子文档通过一个特殊的**父属性**在父文档之外有自己的映射。这样彼此之间的耦合更松散，并允许用户编写功能更强大的查询。引用可以是单向的，也可以是双向的。使用宠物和相关评论的例子，它们的关系可以描述为“一只宠物可能有很多评论”和“一条评论必须与一只宠物相关联”，我们可以将这种关系引用采用不同的方案来表达，如下所示。

来自父文档的引用示例：

```
// References from the parent document to the child documents using
an array
//从父文档到子文档使用数组表达

// a Pet document with references to Comment
documents
//宠物文档中引入评论文档
{
   "_id": "dog19370824",
   "name": "Fanny",
   "comments": [
      "comment101",
      "comment102"
   ]
```

```
}
// referenced Comment documents
//评论文档
{
    "_id": "comment01",
    "name": "DanielCoupal",
    "text": "Fanny is the sweetest dog ever!"
},
{
    "_id": "comment102",
    "name": "SteveHoberman",
    "text": "Fanny loved my daughter's brownies."
}
```

来自子文档的引用示例：

```
// References from a child document to the parent document
//从子文档到父文档
//
// a Pet document
//宠物文档
{
    "_id": "dog19370824",
    "name": "Fanny
}
// Comment documents with reference to the parent document
//评论文档中引入父文档
{
    "_id": "comment01",
    "dog": "dog19370824",
```

```
        "name": "DanielCoupal",
        "text": "Fanny is the sweetest dog ever!"
    },
    {
        "_id": "comment102",
        "dog": "dog19370824",
        "name": "SteveHoberman",
        "text": "Fanny loved my daughter's brownies."
    }
```

双向引用示例：

```
// References from the parent document to the child documents and
vice-versa
//从父文档到子文档,反之亦然
//
// a Pet document with references to Comment documents
//宠物文档中引入评论文档
{
    "_id": "dog19370824",
    "name": "Fanny",
    "comments": [
        "comment101",
        "comment102"
    ]
}

// referenced Comment documents with reference to the parent docu-
ment
//评论文档中引用父文档
```

```
{
    "_id": "comment01",
    "dog": "dog19370824",
    "name": "DanielCoupal",
    "text": "Fanny is the sweetest dog ever!"
},
{
    "_id": "comment102",
    "dog": "dog19370824",
    "name": "SteveHoberman",
    "text": "Fanny loved my daughter's brownies."
}
```

请注意，关系模型中通常不会有“宠物”数组。关系型数据库中的表关联关系只支持标量值，因此引用是无法在两个方向上实现的。对于 Elasticsearch 来说，仅在您需要访问其他对象的一侧建立引用。因为维护双向引用的管理成本太高。总结一下，使用标量值来引用“一”个，使用数组来引用“多”个。在要查询数据的主要对象中添加引用。

嵌套对象

作为内部对象的替代方案，Elasticsearch 还提供嵌套类型（Nesting）。嵌套类型看起来与内部对象相同，但提供了一些附加功能，也有一些使用上的限制。对于 Elasticsearch 映射来说，相比能自动检测的内部对象，嵌套的数据类型需要显式声明。

内部对象、引用和嵌套之间进行选择的规则和准则

让我们看看嵌套对象和内部对象之间的功能差异。内部对象的问题是每个被嵌入的对象或文档不被视为父文档的单个组件。相反，它们与其他内部对象合并，继承相同的属性。而对于嵌套对象，Elasticsearch 在内部按层次结构管理它们。创建嵌套文档时，根对象和嵌套对象将分别建立索引，然后在内部建立关联。不过，由于两个文档都存储在同一个分片中，因此对读取性能的影响极小。

嵌套对象确实有一些缺点。只能使用特殊的嵌套查询指令来查询嵌套文档。此外，当需要更新文档时，即使是单个字段，也需要重新索引包含嵌套对象的整个文档。

为了决定在内部对象(嵌入方式)和父/子类型(引用方式)之间采用哪种模型，主要规则是“在应用程序中一起使用的内容，在数据库中应存储在一起”和“优先使用嵌入而不是引用”。下面解释一下这两个主要规则。

将应用程序中一起使用的所有内容，在数据库中保存在一起，可以避免进行多次连接或读取。连接操作在 CPU 和 I/O 访问方面的成本很高，避免连接可以提供更好的性能。如果每次基本查询都从执行三次读取和两次连接，转变为对嵌入在一起的三个部分内容的一次读取，那么您的硬件需求可能将削减 300%。

当将所需的内容放在一起时，您可能希望通过排除不必要的

信息来避免文档臃肿。原因是阅读此类文档会占用更多内存空间，从而限制了给定时间可以保留在内存中的文档数量。

第二个主要规则要求我们更优先选择嵌入而非引用方式。主要原因是完整的对象通常对应用程序来说更简单，也更容易归档，并且不需要原子更新事务。换句话说，您可以通过嵌入而非引用来实现简单性而非复杂性。

除了要考虑这两条规则，让我们看一下其他准则，以帮助我们在嵌入或引用之间做出决定。为了说明这些准则，我们接下来使用一个金融应用程序的示例，其中人员和信用卡之间存在关系。该应用程序由遵守各种金融法规的银行开发。根据我们在本书前面学到的知识，可以确定这是个一对多的关系，即“一个人可能有很多张信用卡”和“一张信用卡必须由一个人拥有”。由于我们向系统提出的请求更多的是基于人而不是信用卡，因此这种关系的主要实体是人，而不是信用卡。下面的表6列出了这些附加准则。

第一条准则是“简单性”。这与我们支持嵌入的那条规则直接相关。相关的问题是：将这些信息放在一起会导致更简单的数据模型和代码吗？这个例子中，为一个使用信用卡的人设置一个信用卡对象可以让我们的代码更简单。

第二条准则是“一起行动”。相关的问题是：这些信息是否具有“有”“包含”或类似的关系？在这里，我们尝试了解一条信息对另一条信息的依赖性。一个人“拥有”（has-a）信用卡，所以让我们回答“是”。

第三条准则是“查询原子性”。相关的问题是：应用程序是否一起查询这些信息？同样，我们通常希望在应用程序中一起加载此人的信用卡信息，所以让我们再次回答“是”。

第四条准则是“更新复杂性”。相关问题是：这些信息是否一起更新？并不一定。我们可能会在不修改此人信息的情况下添加信用卡。

表 6　嵌入准则参照

Guideline Name (指导准则)	Question (问题)	Embed (Inner Object) [嵌入 (内部对象)]	Reference (Parent/Child) [引用(父/子关系)]
Simplicity (简单性)	Would keeping the pieces of information together lead to a simpler data model and code? 将这些信息放在一起会导致更简单的数据模型和代码吗	Yes 是	
Go Together (一起行动)	Do the pieces of information have a "has-a," "contains," or similar relationship? 这些信息是否具有“有”“包含”或类似的关系	Yes 是	
Query Atomicity (查询原子性)	Does the application query the pieces of information together? 应用程序是否一起查询这些信息	Yes 是	
Update Complexity (更新复杂性)	Are the pieces of information updated together? 这些信息是否一起更新	Yes 是	

（续）

Guideline Name（指导准则）	Question（问题）	Embed（Inner Object）[嵌入（内部对象）]	Reference（Parent/Child）[引用（父/子关系）]
Archival（归档）	Should the pieces of information be archived at the same time? 这些信息是否应该同时归档	Yes 是	
High Cardinality（高基数）	Is there a high cardinality（current or growing）in a "many" side of the relationship? 关系的“多”方是否存在高基数（当前或增长）	No 否	Yes 是
Data Duplication（数据冗余）	Would data duplication be too complicated to manage and undesired? 数据冗余是否会过于复杂而难以管理且不受欢迎	No 否	Yes 是
Document Size（文档大小）	Would the combined size of the pieces of information take too much memory or transfer bandwidth for the application? 信息片段的总大小是否会占用应用程序过多的内存或传输带宽	No 否	Yes 是
Document Growth（文档增长）	Would the embedded piece grow without bound? 嵌入的部分会无限增长吗	No 否	Yes 是
Workload（工作负载）	Are the pieces of information written at different times in a write-heavy workload? 在写入高负载的场景中，这些信息是否在不同时间写入		Yes 是

（续）

Guideline Name（指导准则）	Question（问题）	Embed（Inner Object）[嵌入（内部对象）]	Reference（Parent/Child）[引用（父/子关系）]
Individuality（独立性）	For the children's side of the relationship, can the pieces exist by themselves without a parent? 对于子文档一方来说，这些数据可以在没父文档的情况下独立存在吗		Yes 是

让我们在这里暂停一下。我们三次均回答“是”，最终选择了“嵌入”方式。但是当我们回答“否”时会发生什么？对于前四条规则，“否”没有任何影响。换句话说，回答“否”并不利于“嵌入”，但它也不告诉我们应该“引用”。

第五条准则是“归档”。相关问题是：这些信息是否应该同时归档？正如当前的示例所示，只有当系统出于监管原因必须存档数据时，这个问题才有意义。其本质是，每次归档包含所有信息的单个文档，比在查看归档信息时把一堆小文档重新连接更容易。答案是“是”。当用户账户被停用时，我们希望当时的信用卡信息也能存档。

第六条准则是“高基数”。相关的问题是：关系的“多”方是否存在高基数（当前或增长）？任何人都不应该拥有几百上千张卡片。该准则不仅仅支持选择“引用”。反过来说也非常适合选择“嵌入”。这反映了我们对“嵌入”的偏好。如果答案是

“是”，我们当然希望避免嵌入大型数组。这些大数组构成了大文档，结合我们的经验知道，通常情况下基本文档中并不需要大型数组数据。

第七条准则是“数据冗余”。相关的问题是：数据冗余是否过于复杂而难以管理且不受欢迎？一对多关系不会产生数据冗余，因此我们对这个问题持否定态度。

第八条准则是“文档大小”。相关的问题是：信息片段的总大小是否会占用应用程序过多的内存或传输带宽？这与大数组问题有关，因为大多数大文档都包含这样的大数组。但在这里，我们需要更多思考。文档只能被使用它的应用程序视为“大”才是大文档。如果这是一个移动应用程序，我们可能会更加关注传输的数据量。在这个示例中，文档总大小应该相对较小，即使对于移动应用程序也是如此。

第九条准则是“文档增长”。相关的问题是：嵌入的部分会无限增长吗？这个问题也与文档大小有关，如果经常在同一文档的数组中添加新元素也会有影响。将信息保存在不同的文档中将有助于减少写入操作。在这个示例中，随着时间的推移，文档几乎没有增长。

第十条准则是“工作负载”。相关的问题是：在写入高负载的场景中，这些信息是否在不同时间写入？更新不同的文档可以避免频繁写入对同一文档的争用，这对大量工作写入负载的场景很有帮助。注意仅当我们每秒生产数千信用卡数据时，才属于写入繁重的工作负载。

第十一条准则是“独立性”。相关的问题是：对于子文档一方来说，这些数据可以在没父文档的情况下独立存在吗？对于当前的例子，答案是否定的，在我们将信用卡添加到系统之前，信用卡上必须印有所有者名字。如果信用卡数据可以在没有所有者的情况下存在，并且信用卡必须继续存在，那么当我们删除所有者时，将信用卡数据嵌入到一个所有者下会导致问题出现：双方可能存在独立的关系，因此最好使用单独的文档进行建模。

统计结果，很明显，应该将信用卡嵌入到卡所有者个人信息中。如果我们对“嵌入”和“引用”都有答案，应当考虑应用程序需求对每个准则的优先级。

在“嵌入”和“引用”之间存在犹豫不决的情况下，这种关系将成为应用设计模式的良好候选者，我们将在稍后讨论。

模式设计方法

本节的作用是让您了解模式设计方法的所有可能性，涵盖每种方法的优点和缺点，并分享相关用例。这会激发读者设计自己模型时的灵感。它只是一个工具箱。读者可以根据自己的用例选择最合适的工具。在 Elasticsearch 中，对索引中的数据进行建模时，有应用端连接、逆规范化、父子类型和嵌套对象四种常见模式。这些方法中的每一种都有其优点和缺点，取决于具体应用情况。

应用端连接

如果熟悉关系型数据库，理解应用端连接是相当直观的。有两个表，通常一个表中的主键用作第二个表中的外键。例如，考虑一个用户和订单表。我们将用户表中主键 userID 作为订单表的外键。通过将两个表连接在一起，可以轻松检索单个用户的所有订单。我们可以创建两个索引，每个表一个，并且可以跨索引进行查询。这种方法的优点是数据被标准化，并且每个索引可以根据各自的查询需求和数据量单独扩展。当文档数量较少时，此方法非常有效。然而，当有很多文档时，缺点是在搜索过程中需要运行额外的查询来连接文档，从而导致性能损失。图 60 所示为通过应用端连接宠物信息的示例。每个表根据自己的特征建立

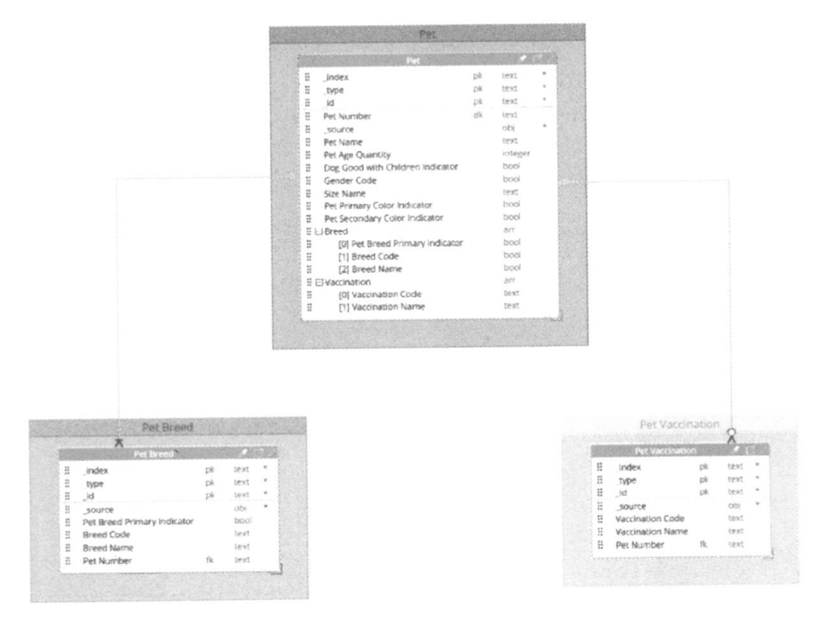

图 60　通过应用端连接宠物信息的示例

索引，共有三个索引。如果我们想要给定宠物的所有详细信息，必须首先从宠物表(**Pet**)中找到宠物编号(**Pet Number**)，然后使用它从各自的索引中查找品种(**Breed**)和疫苗接种(**Vaccination**)详细信息。

逆规范化

逆规范化是指在规范化的数据模型中添加冗余数据，从而打破第三范式约束。就 Elasticsearch 而言，写入数据的处理过程扁平化，允许每个文档独立。这是 Elasticsearch 的预期用途，可实现最佳搜索性能。我们消除了连接的操作，因为每个文档都存在数据的冗余副本。该方法的优点是查询性能快并且适用于多对多关系，主要缺点是数据的任何更新都需要昂贵的重新索引，文档体积也会急剧增加，需要额外的存储，并且扁平化处理数据需要额外的开发工作。图 61 所示为通过逆规范化实现的宠物(Pet)示例。宠物品种和宠物疫苗接种的字段是宠物文档内部数组中的字段。注意，由于数据连接是在写入数据期间而非查询期间，因此其他两个索引仍然存在。

父子类型

父子文档关系是一对多关系建模的好方法。主要限制之一是父文档和子文档必须存储于相同的索引和分片。如前所述，Elasticsearch API 使查询变得简单。has_child 函数返回给定子文档的所有父文档。相反，has_parent 函数返回给定父文档的所有子文档。

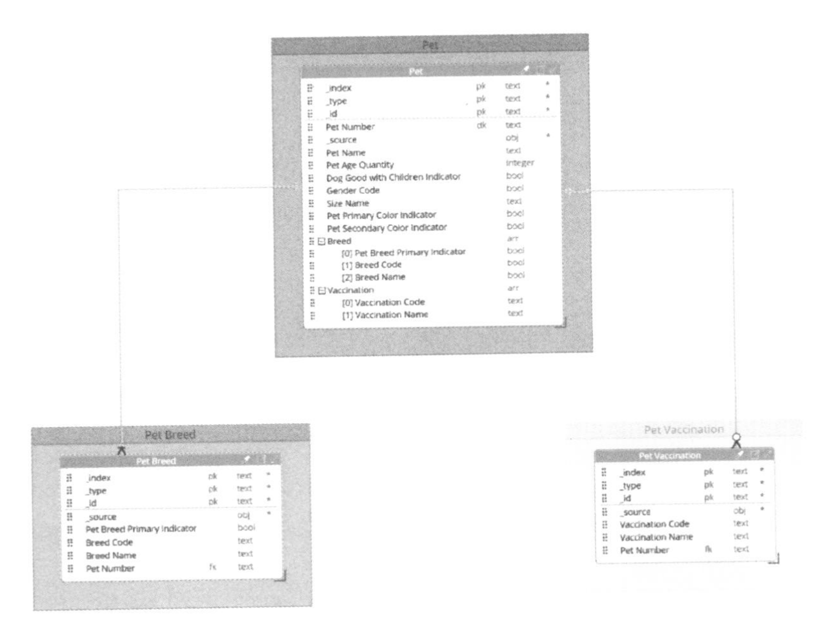

图 61 通过逆规范化实现的宠物(Pet)示例

可以使用父子关系的一些用例是，父文档和子文档是单独的文档，父文档更新不需要重新索引，子文档可以在不影响父文档的情况下更新，并且在一对多关系中，一个实体与另一个实体之间存在显著的数量差异。其他一些限制是，一个索引只能有一个连接字段，一个父级只能有一个子级，因为这是一对多关系，并且由于连接操作，查询成本可能会变得昂贵。图 62 所示为父子结构中的宠物(Pet)示例。这与应用端连接模式类似，只是所有文档都在一个索引内，这可以提高查询性能。但是，对文档的任何更新都需要重建索引。

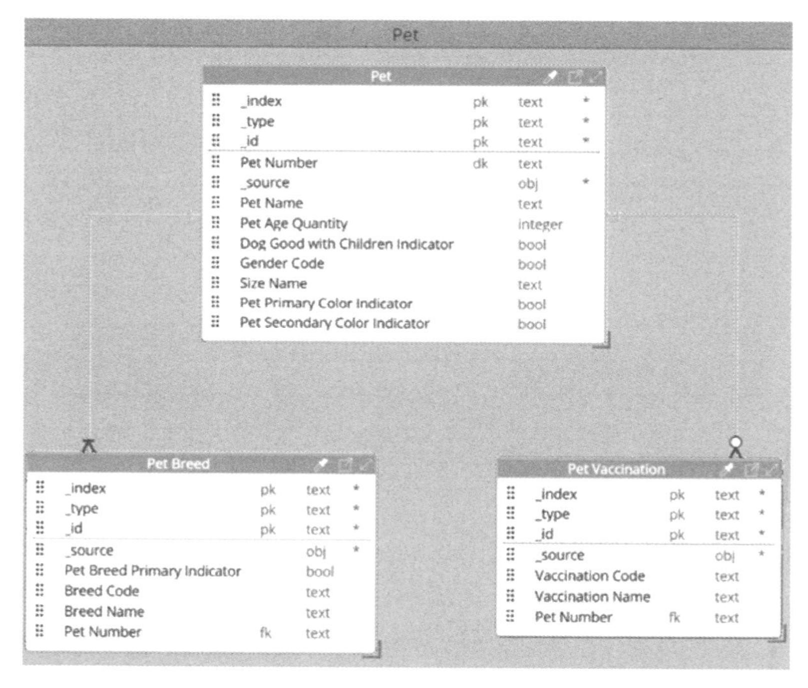

图 62　父子结构中的宠物(Pet)示例

嵌套对象

嵌套对象是一种特殊类型的对象，它允许对对象数组进行索引，以便可以独立查询它们。当您想要维护数组中对象的层次关系时，这种方式最有用。这些挑战与逆规范化相关的挑战类似：任何更新都需要重建索引，并且不能直接查询嵌套的对象，因为它需要通过分解函数来分解子数组和其中的单个文档。图 63 所示为嵌套对象宠物(Pet)的示例。从 Elasticsearch 的角度来看，所有数据都包含在这个单一对象中，因此嵌套比父子查询性能更高。

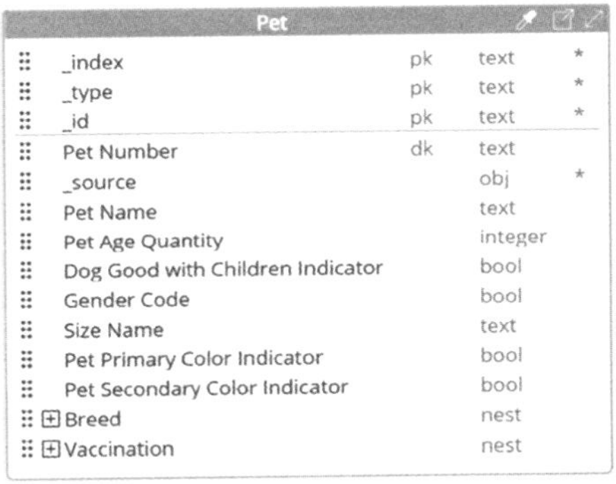

Pet			
_index	pk	text	*
_type	pk	text	*
_id	pk	text	*
Pet Number	dk	text	
_source		obj	*
Pet Name		text	
Pet Age Quantity		integer	
Dog Good with Children Indicator		bool	
Gender Code		bool	
Size Name		text	
Pet Primary Color Indicator		bool	
Pet Secondary Color Indicator		bool	
⊞ Breed		nest	
⊞ Vaccination		nest	

图 63 嵌套对象宠物(Pet)的示例

表 7 总结了每种建模方法的优缺点，并给出了有关何时使用哪种建模方法的一些指导准则。

表 7 在 Elasticsearch 中选择不同文档建模方法的示例

Modeling Approach (建模方法)	**Relationship Cardinality (关系类型)**	**Notes (说明)**
Application side join (应用端连接)	Many-to-many relationships (多对多关系)	• Useful if you only have a few documents to look up. 如果您只有少量文档需要查找，则非常有用。 • Schema is easy to read and understand. 模式易于阅读和理解

（续）

Modeling Approach (建模方法)	**Relationship Cardinality (关系类型)**	**Notes (说明)**
Denormalization (逆规范化)	Many-to-many relationships (多对多关系)	• You get to manage all the relations yourself. 你可以自己管理所有的关系。 • Most flexible, most administrative overhead. 最灵活、管理开销最大。 • May be more or lessperformant, depending on your setup. 性能可能更高或更低，具体取决于您的设置
Parent-child (父子结构)	One-to-many relationships (一对多关系)	• Children are stored separately from the parent, but routed to the same shard. So parent/children are slightly less performance on read/query than nested. 子级对象与父级对象分开存储，但需路由到同一存储分片。因此，父子结构(父/子)在读取/查询方面的性能略低于嵌套结构(父/子)。 • Parent/child mappings have a bit extra memory overhead, since ES maintains a "join" list in memory. 父/子映射有一点额外的内存开销，因为 ES 在内存中维护一个“连接”列表。 • Updating a child doc does not affect the parent or any other children, which can potentially save a lot of indexing on large docs. 更新子文档不会影响父文档或任何其他子文档，这能节省不必要的索引更新。 • Sorting/scoring can be difficult with Parent/Child since the Has Child/Has Parent operations can be opaque at times. 对于“父/子”进行排序/评分可能会很困难，因为“有子(Has Child)”/“有父(Has Parent)”操作有时可能不透明

（续）

Modeling Approach（建模方法）	Relationship Cardinality（关系类型）	Notes（说明）
Nested object（嵌套对象）	One-to-many relationships（一对多关系）	• Nested docs are stored in the same Lucene block as each other, which helps read/query performance. Reading a nested doc is faster than the equivalent parent/child. 嵌套文档彼此存储在同一个 Lucene 块中，这有助于读取/查询性能。读取嵌套文档比同等的父/子文档更快。 • Updating a single field in a nested document（parent or nested children）forces ES toreindex the entire nested document. This can be very expensive for large nested docs. 更新嵌套文档（父文档或嵌套子文档）中的单个字段会强制 ES 更新索引整个嵌套文档。对于大型嵌套文档来说，使用成本可能非常昂贵。 • "Cross referencing" nested documents is impossible. “交叉引用”嵌套文档是不可能的。 • Best suited for data that does not change frequently. 最适合不经常更新的数据

创建索引映射

如前所述，索引映射是为文档集合中的所有字段定义数据类型的过程。需要正确的映射来索引字段，才能按预期返回搜索结果。除了数据类型之外，映射还允许用户设置某些字段属性，例如可搜索、可返回、可排序、数据存储方式、日期格式、字符串是否必须视为全文检索字段等。在 Elasticsearch 中，用户可以在索引级别显式地定义所有映射。如果使用动态映射(即自动检测)，可能会导致索引失败、数据不准确或产生意外的索引搜索结果等情况。

字段类型

- 字符串。可以将字符串字段保存为一种类型、文本或关键字。文本类型用于索引全文内容，例如产品的描述。分词器会对这些字段进行分词构建，以便在写入索引之前将字符串转换为单个词项的列表。文本字段最适合于非结构化但可读的内容。关键字字段类型用于结构化内容，如 ID、电子邮件地址、主机名、状态代码或邮政编码，并且字段的整个内容将作为一个完整的分词词项进行索引和搜索。

- 数值。可以使用数值字段类型来定义保存数值数据。支持的数值字段类型包括 long、integer、short、byte、double 和 float。

- 日期。可以使用日期类型定义用于保存日期数据。此字段可以包含格式化的日期字符串。

- 布尔。此字段可以接受 True 或 False 的 JSON 值。但是，它也可以接受被解释为 True 或 False 的字符串。

- 对象。将此字段类型用于由 JSON 对象组成的字段，JSON 对象可以包含子字段。

- 数组。这是一种嵌套字段类型，可用于要索引的对象数组，使它们可以相互独立地进行查询。

字段特征

- 可搜索。可搜索字段被索引，并且可以通过该字段的值来搜索和检索包含该字段的文档。可搜索字段的行为根据字段定义为已分词还是未分词而有所不同。
- 可返回。可返回字段是一种已存储的字段，并且该字段值可以作为搜索响应的一部分返回。
- 可排序。可排序字段是一种可以根据特定顺序(降序或升序)对搜索结果进行排序的字段。搜索结果可以按一个或多个可排序字段进行排序。

模式验证

关系型数据库的一个重要方面(通常也是一个限制)是它们在固定、严格的模型上运行，具有已知数据类型预先确定的字段结构。正如我们所见，Elasticsearch 更加灵活。但这并不意味着应该放弃数据质量、一致性或完整性。

即使在像 Elasticsearch 这样灵活的模式环境中，集合中不同的文档类型也可能存在多态性，验证写入或更新的文档也是一种良好的做法。从本质上讲，这可以实现两全其美：兼顾灵活性和质量。

约束可能包括字段是否是必需的、给定字段的数据类型、数字的最小和/或最大值以及是否允许负值、字符串的最小和/或最大长度、值枚举、最大值数组项的数量、子文档的结构等。用户甚至可以定义多态结构以及是否可以添加未知字段等。

根据指定的验证级别，数据库引擎将严格拒绝插入不合规的文档，或者容忍插入文档的行为，同时通过驱动程序向应用程序返回警告消息。

JSON Schema 是一个强大的标准，但有时可能有点复杂。Hackolade Studio 通过动态生成语法正确的 Elasticsearch 映射脚本而让事情变得简单，用户不用掌握任何 Elasticsearch 语法知识。

这项功能不应替代正确验证应用程序代码中的业务规则。但它提供了额外的保护措施，使数据在应用程序的保护措施外仍然有意义。

监控模式演进

各个组织以不同的方式运作。在许多遵循本书原则的组织中，数据建模工作发生在敏捷冲刺或应用程序变更的初始阶段，然后产生代码变更并在不同的环境中实施。在一些其他组织中，开发团队会占据上风，并且往往以代码优先的方式演进。在这种情况下，数据建模仍然可以派上用场，有助于提高数据质量和一致性。我们把这种情况叫做“追溯数据建模”或“事后数据建模”。

此过程可用于识别不一致的情况，例如地址使用“邮政编码(ZipCode)”字段，而其他地址使用“邮政编码(PostalCode)”。识别 PII、GDPR、保密性等领域潜在更具破坏性的情况也至关重要。

Hackolade Studio 提供了一个命令行界面，可以通过编程方式调用图形用户界面中的许多可用功能，从而很容易地编排一系列命令。在代码优先方法中，数据库实例中的表结构首先变更。每天晚上，一个预定的流程会执行以下步骤：

- 对数据库实例进行逆向工程。
- 将生成的模型与基线模型进行比较。这个步骤会产生“增量模型”和可选的“合并模型”。
- 这个步骤允许我们手动审查模型比较，并确定生产中的所有更改是否合法，也许需要对代码进行调整或者对数据进行迁移。
- 提交合并后的模型，该模型将成为新的基线模型，继而发布到公司的数据字典中，以便业务用户能够了解这些演变。

模式迁移

我们多次提到 Elasticsearch 文档的巨大灵活性，可以随着应用程序需求的变化轻松调整模型。与关系型数据库相比，可以实现零停机、不需要麻烦的周末数据迁移，也不用采用蓝/绿部署等复杂的方法。这里我们还是要强调版本控制模式的使用，来帮助应用程序使用适当的业务规则处理数据并实现向后兼容性。

在大型且复杂的环境中，挑战很快就会出现，特别是当多个应用程序读取相同的数据时。随着时间的推移，当复杂的业务逻辑移植到多个应用程序的过程中，会发生数十次模式既不高效也不实用的演变。甚至最终会消耗大量的 CPU 周期来处理这些无用的操作。我们是否应该思考由于查询不了解某些特定的演变过程，而导致误解和误导业务决策的风险？Elasticsearch 的新用户在欣喜文档模型的灵活性时，通常没有意识到，严格执行架构迁移以减少维护旧架构版本的技术债务是成功组织的最佳实践。

有多种模型迁移的策略可供选择。策略的选择将取决于数据库和业务的具体需求，仔细地规划和测试对于确保成功迁移至关重要。一些组织甚至开发了成本计算模型来评估不同策略的权衡。

模式迁移策略可以大致分为两种基本方法：即时迁移和延迟迁移。还有一些混合策略结合了即时迁移和延迟迁移的相关方面。

- 即时迁移：架构更改一次性完成，数据立即迁移到新架构。与关系型数据库的做法类似，这种方法需要更多的规划，并且可能会导致迁移过程中的停机，但它可以确保所有数据立即更新到新架构。
- 延迟迁移：模式更改是增量进行的，只有在访问或更新数据时，数据才会迁移到新模式。这种方法可以减少中断，更容易实现，但会增加常见操作的延迟。此外，有些数据可能永远不会迁移到新模式中。
- 预测性迁移：根据对未来数据使用方式的预测进行模式更改。这种方法需要更多的规划和分析，但可以最大限度地减少常见操作中的延迟。
- 增量迁移：以较小的迭代步骤进行模式更改，并将数据逐步迁移到新模式。

预测性迁移和增量迁移都可以在后台运行，并推迟非高峰时段运行，从而最大限度地减少系统影响。还可以根据要迁移的数据组合多种策略：从预测性迁移开始，同时适时进行延迟迁移，然后以增量迁移结束。

第3步：优化

与索引、非规范化、分区和向 RDBMS 物理模型添加视图类似，我们将向查询细化模型添加特定于数据库的功能以生成查询设计模型。默认情况下，Elasticsearch 的数据会在每个字段中使用专用且优化的结构进行索引。大多数文本字段存储在倒排索引中，而数字和地理空间数据通常存储在称为 BKD 树的结构中。为了优化 Elasticsearch 索引性能，还需要仔细地设计和实施考虑。例如，不要对不用于搜索目的的字段建立索引，这将减少倒排索引的大小并优化字段的分词频率。此外，内置分词器会使用大量资源，并可能降低写入数据的性能。仔细挑选相关的内容是有好处的，可以最小化存储和检索的一个示例是使用多线程的，使用多线程进行索引将优化数据检索。

索引

Elasticsearch 使用索引减少查询所需扫描的文档数量，从而提高查询性能。为了优化索引而需要调整的一些参数包括：

- 调整刷新间隔：根据当前的系统要求进行设置。

- 如果不需要，请禁用副本。
- 自动 ID 字段：不设置文档的_id 字段。如果不需要，请允许 Elasticsearch 自动设置_id。
- 使用多个工作者/线程进行索引。
- 使用官方客户端：使用官方 Elasticsearch 客户端，它的设计目标就是优化连接。
- 避免频繁更新：每次更新都会在 Elasticsearch 中创建一个新文档，并将旧文档标记为已删除。这可能会导致多个文档被删除并增加整体大小。要解决此类问题，用户可以在用于调用索引 API 的应用程序中收集这些更新，并忽略不必要的更新，最终仅向 Elasticsearch 发送一些必要更新。
- 索引映射：仔细设计索引映射。如果字段不用于搜索，则不要对其建立索引(默认为 True)，这会减少 Elasticsearch 的倒排索引大小并节省对该字段的分词构建成本。可以设置 Index 参数选项。
- 分词器：在文本字段上使用分词器。但是，请注意，一些分词器占用大量资源，可能会降低写入数据速度，并显著增加大型文本字段的索引大小。
- Wait_For_Param：当需要立即搜索写入的文档时，在写入数据时使用 Wait_For_Param，而不是显式刷新。
- 批量 API：使用批量 API 一次性写入多个文档，而不是逐个写入多个单独的文档。批量 API 性能取决于请求中的文档大小而不是数量。

使用数据建模工具创建和维护索引信息有很多原因，包括更好的协作、文档记录、易于维护和更好的治理。除了支持 Elasticsearch 的所有索引选项外，Hackolade Studio 还生成索引语法，以便将其应用于数据库实例或交给管理员应用。

分片

我们简要讨论过分片。回顾一下，Elasticsearch 中的数据被组织成索引。每个索引包含一个或多个分片。当数据写入分片时，它会定期写入到磁盘上的新段中，以供查询。这个过程称为刷新。最终，分段的数量会增长，并通过称为合并的过程合并为更大的分段。分片是在集群中分发数据的单位。在分片自动平衡和重新平衡时，Elasticsearch 移动分片的速度取决于分片的大小和数量以及网络和磁盘性能。以下是优化分片以及查询性能的一些技巧：

- 小分片会产生小段，从而增加开销。将平均分片大小保持在至少几 GB 以上。常见大小范围在 20~40GB。
- 强制较小的段合并为较大的段可以减少开销并提高查询性能。然而，这是一项成本昂贵的操作，并且应该在非高峰时间执行或安排执行该操作。
- 使用实际数据和查询来进行基准测试并确定查询性能优化的最大分片大小。

测试数据的生成

手动生成用于测试和演示的假数据（又称合成数据）需要时

间并减慢测试过程，特别是在需要大量数据的情况下。在系统开发、测试和演示过程中使用假数据可能很有用，主要是因为它可以避免使用真实身份、全名、真实信用卡号或社会安全号码等，但是使用“混淆编码”字符串和随机数不够真实，缺乏实际意义。或者，可以使用复制的生产数据，只不过这些副本通常不存在于新应用程序环境中，而且用户仍然必须屏蔽或替换敏感数据，以避免泄露任何个人身份信息。因此，合成数据对于探索缺乏真实数据的边缘情况或识别模型偏差非常有用。

使用 Hackolade Studio，用户可以生成看起来真实但实际上为虚构的名字和姓氏，以及公司名称、产品名称和描述、街道地址、电话号码、信用卡号码、提交消息、IP 地址、UUID、图像、名称、URL 等。

此处生成的数据可能是假的，但具有预期的格式并包含有意义的值。例如，城市和街道名称是由模仿真实姓名的元素随机组成的。用户可以进行所需的区域设置，以便对数据元素进行本地化从而获得更好的上下文含义。生成模拟测试数据的过程分为两步：

- 针对模型的一次性设置：用户必须将每个属性与一个函数相关联才能获得上下文真实的样本。
- 每次需要生成测试数据时，重新定义运行参数。

Hackolade Studio 可以生成样本文档，以便将它们插入到数据库实例中。

三个贴士

1) 与许多其他 NoSQL 数据库一样，由于 Elasticsearch 数据结构复杂，因此存在用户理解上的困难。作为一种沟通工具，维护逻辑模型和物理模型并确保它们同步非常有用。

2) 使用 API 生成的指标值来了解索引是否过时。一段时间过后，由于某些原因产生的不再使用的索引，或者没有数据写入等情况，通常都会影响查询性能，进而需要重建索引。

3) 注释或带注释的文本字段是将结构化信息引入非结构化数据以提高文本搜索精确度的实用工具。选择适当的物理数据类型时，需要考虑搜索精确度要求。

三个要点

1) 构建索引和查询性能是物理设计的关键驱动因素。

2) Elasticsearch 索引中的数据建模有四种关键方法。选择一种最合适的方法进行建模，并优化其性能。

3) 在设计物理数据模型时，请牢记 Elasticsearch 的内置 API 和查询功能。这些有助于优化数据存储和检索。